高校土木工程专业学习辅导与习题精解丛书

砌体结构学习辅导与习题精解

施楚贤　梁建国　编著

中国建筑工业出版社

图书在版编目(CIP)数据

砌体结构学习辅导与习题精解/施楚贤,梁建国编著.—北京:中国建筑工业出版社,2005
 (高校土木工程专业学习辅导与习题精解丛书)
 ISBN 7-112-07596-3

Ⅰ.砌… Ⅱ.①施…②梁 Ⅲ.砌体结构—高等学校—教学参考资料 Ⅳ.TU36

中国版本图书馆 CIP 数据核字(2005)第 118872 号

高校土木工程专业学习辅导与习题精解丛书
砌体结构学习辅导与习题精解
施楚贤 梁建国 编著

*

中国建筑工业出版社出版(北京西郊百万庄)
新华书店总店科技发行所发行
北京千辰公司制版
北京市密东印刷有限公司印刷

*

开本:787×1092 毫米 1/16 印张:9½ 字数:227 千字
2006 年 1 月第一版 2006 年 1 月第一次印刷
印数:1—3000 册 定价:**14.00** 元
ISBN 7-112-07596-3
(13550)

版权所有 翻印必究
如有印装质量问题,可寄本社退换
(邮政编码 100037)

本社网址:http://www.cabp.com.cn
网上书店:http://www.china-building.com.cn

本书是配合砌体结构教学而编著的一本学习辅导用书。全书针对砌体结构中的重点和难点问题进行深入浅出的讲解,并列举典型习题和实例进行较详尽的解答。主要内容有砌体的受力性能、砌体结构的可靠度设计方法、无筋及配筋砌体结构的承载力、房屋墙体设计计算、墙梁及挑梁的设计计算、砌体结构房屋的抗震设计。

本书可作大专院校土木工程专业师生的教学辅助用书,并可供土木工程技术人员参考。

* * *

责任编辑:吉万旺　王　跃
责任设计:赵　力
责任校对:刘　梅　关　健

前　言

　　砌体结构在工程应用中量大面广,但教学中课时很少。学习砌体结构是否很简单,工程上为何较易产生质量甚至安全事故?为有利于解决这些矛盾,我们试图从一个新的视角编著本书。即根据教学大纲要求,针对砌体结构中的重点和难点问题作深入浅出的讲解,对学习方法进行指导,并从基本理论、重要概念和设计上在工程实例中提炼典型例题进行较详尽的释疑与准确而合理的解答。

　　全书内容有:砌体的受力性能、砌体结构的可靠度设计方法、无筋砌体结构构件的承载力、房屋墙体设计计算、墙梁及挑梁的设计计算、配筋砌体结构设计计算,以及砌体结构房屋抗震设计。

　　本书第一章至第四章由施楚贤编著,第五章至第七章由梁建国编著。曾小军、汤峰参与了本书第五章至第七章部分例题与绘图工作。全书由施楚贤修改定稿。

　　书中错误之处在所难免,敬请各位批评与指正。

目 录

第一章 砌体的受力性能 … 1
第一节 砌体材料及选择 … 1
第二节 砌体抗压强度受哪些因素的影响 … 2
第三节 砌体抗剪强度受哪些因素的影响 … 3
第四节 灌孔混凝土砌块砌体的强度 … 5
【例题1-1】 … 6
【例题1-2】 … 7
思考题和习题 … 7
习题参考答案 … 7

第二章 砌体结构的可靠度设计方法 … 8
第一节 极限状态设计原则 … 8
第二节 砌体强度设计值 … 10
【例题2-1】 … 13
【例题2-2】 … 13
思考题和习题 … 15
习题参考答案 … 15

第三章 无筋砌体结构构件的承载力 … 16
第一节 墙、柱受压承载力 … 16
【例题3-1】 … 19
【例题3-2】 … 20
第二节 砌体局部受压承载力 … 22
【例题3-3】 … 26
第三节 墙体受剪承载力 … 29
【例题3-4】 … 29
思考题和习题 … 30
习题参考答案 … 31

第四章 房屋墙体设计计算 … 33
第一节 墙体内力分析方法 … 33
第二节 墙、柱高厚比验算 … 35
【例题4-1】 … 37
第三节 刚性方案房屋墙、柱计算 … 39
【例题4-2】 … 41
第四节 刚弹性方案房屋墙、柱计算 … 53

第五节　圈梁的设计 …………………………………………………………… 55
　　第六节　墙体裂缝的防治 ………………………………………………………… 57
　　思考题和习题 ……………………………………………………………………… 61
　　习题参考答案 ……………………………………………………………………… 61

第五章　墙梁及挑梁的设计计算 …………………………………………………… 63
　　第一节　墙梁的设计计算 ………………………………………………………… 63
　　【例题5-1】………………………………………………………………………… 71
　　第二节　挑梁的设计计算 ………………………………………………………… 80
　　【例题5-2】………………………………………………………………………… 83
　　思考题和习题 ……………………………………………………………………… 86
　　习题参考答案 ……………………………………………………………………… 87

第六章　配筋砌体结构设计 ………………………………………………………… 89
　　第一节　网状配筋砖砌体构件 …………………………………………………… 89
　　【例题6-1】………………………………………………………………………… 90
　　【例题6-2】………………………………………………………………………… 92
　　第二节　组合砖砌体构件 ………………………………………………………… 92
　　【例题6-3】………………………………………………………………………… 97
　　【例题6-4】………………………………………………………………………… 99
　　【例题6-5】………………………………………………………………………… 100
　　第三节　配筋混凝土砌块砌体剪力墙 …………………………………………… 101
　　【例题6-6】………………………………………………………………………… 105
　　【例题6-7】………………………………………………………………………… 107
　　【例题6-8】………………………………………………………………………… 108
　　【例题6-9】………………………………………………………………………… 109
　　思考题和习题 ……………………………………………………………………… 110
　　习题参考答案 ……………………………………………………………………… 111

第七章　砌体结构房屋抗震设计 …………………………………………………… 112
　　第一节　概念设计 ………………………………………………………………… 112
　　第二节　地震作用及作用效应 …………………………………………………… 114
　　第三节　无筋砌体构件 …………………………………………………………… 119
　　第四节　配筋砖砌体构件 ………………………………………………………… 120
　　第五节　配筋砌块砌体剪力墙 …………………………………………………… 121
　　【例题7-1】………………………………………………………………………… 123
　　【例题7-2】………………………………………………………………………… 130
　　思考题和习题 ……………………………………………………………………… 142
　　习题参考答案 ……………………………………………………………………… 142

参考文献 ……………………………………………………………………………… 143

第一章 砌体的受力性能

【重点与难点】 砌体是一种地方性材料,应用广泛。由于砌体的脆性性质,它在工程上主要用作受压和受剪。学习时重点应熟悉砌体材料选择的原则;掌握影响砌体抗压强度和抗剪强度的主要因素。在我国,砌体的各类强度分别采用统一的计算模式,但针对不同种类的砌体,引入不同的计算系数,显得有些烦杂,不易掌握。

【学习方法】 砌体具有各向异性,对其受力性能虽作有一定的理论分析,但在强度取值上主要依据试验研究的结果而得,学习时应充分注意到这一特点,并应从影响砌体强度的因素上去加深对砌体强度确定方法的理解。

第一节 砌体材料及选择

一、砌体材料

砌体是由块体和砂浆砌筑而成的整体材料。对于灌孔混凝土砌块砌体,由混凝土小型空心砌块、专用砌筑砂浆和灌孔混凝土砌筑而成。在配筋砌体结构中,还需采用钢筋或钢筋混凝土。

1. 砖

砖主要有烧结普通砖、烧结多孔砖和非烧结硅酸盐砖。它们应符合国家相应的材料标准的要求,如烧结普通砖应符合《烧结普通砖》(GB 5101—2003)的要求,烧结多孔砖应符合《烧结多孔砖》(GB 13544—2000)的要求。

无孔洞或孔洞率小于25%的砖,称为实心砖。孔洞率等于或大于25%,孔的尺寸小而数量多的砖,称为多孔砖(对于混凝土多孔砖,要求孔洞率等于或大于30%)。其孔洞垂直于砖的大面,主要用于建筑物的承重部位。孔洞率等于或大于40%,孔的尺寸大而数量少的砖,称为空心砖,主要用于建筑物的自承重部位。

国家发展和改革委员会等四部委要求直辖市、沿海地区大中城市和人均占有耕地面积不足0.8亩省份的城市(共计170个),在2004年年底前禁止使用实心黏土砖(烧结普通黏土砖),并由"禁实"向限制和禁用黏土多孔砖、空心砖等其他黏土制品拓展。耕地面积稀缺地区和经济发达地区的城镇,要全面启动"禁实"工作。国务院要求到2010年底,所有城市禁止使用实心黏土砖,全国实心黏土砖年产量控制在4000亿块以下。应当认识到淘汰实心黏土砖、发展新型墙体材料,目的在于保护耕地、节约能源、综合利废、保护环境、改善建筑功能、提高建筑的质量和居住条件、促进经济与社会的协调和可持续发展,亦正是贯彻落实科学发展观、推动循环经济发展、建立资源节约型社会的重要举措。

2. 砌块

砌块系列中主规格的高度大于115mm,而又小于380mm,且孔洞率等于或大于25%的砌块,称为小型空心砌块。承重用的砌块主要有普通混凝土小型空心砌块和轻集料混凝土小型空心砌块,应符合《普通混凝土小型空心砌块》(GB 8239—1997)和《轻集料混凝土小型空心砌块》(GB/T 15229—2002)的要求。

3. 石材

石材是一种天然材料,应选用无明显风化的石材。它按加工后的外形规则程度,分为毛石和料石。后者又细分为细料石、半细料石、粗料石和毛料石。

4. 砌筑砂浆

常用的砌筑砂浆有水泥混合砂浆和水泥砂浆。采用掺入有机塑化剂的砂浆,除砂浆强度等级符合要求外,还必须进行其砌体的抗压强度和抗剪强度检验,合格后方可使用。对于混凝土小型空心砌块,因壁厚小、孔洞率大,为确保灰缝砂浆密实、粘结好,应采用混凝土小型空心砌块砌筑砂浆砌筑。该专用砂浆应符合《混凝土小型空心砌块砌筑砂浆》(JC 860—2000)的要求。

另外,值得注意的一点是:用以测定砂浆强度等级的试块(边长为70.7mm的立方体),应采用同类块体作底模。这是由于块体的种类较多,如烧结普通砖、蒸压灰砂砖及混凝土砌块等,这些材料在吸水、泌水等物理性能上有差异,将影响到试块砂浆的硬化和强度,势必造成对砂浆强度等级的误判或不可靠。例如,某房屋承重墙体采用蒸压灰砂砖砌体,在制作砂浆试块时,应采用蒸压灰砂砖作底模,采用烧结黏土砖作底模则是违反规定的。

5. 混凝土与钢筋

砌体结构中采用的混凝土和钢筋,应符合《混凝土结构设计规范》(GB 50010—2002)的要求。对于灌孔混凝土砌块砌体,为确保灌孔的混凝土(如芯柱)与混凝土小型空心砌块砌体有良好的粘结,共同受力,应采用混凝土小型空心砌块灌孔混凝土。该专用混凝土应符合《混凝土小型空心砌块灌孔混凝土》(JC 861—2000)的要求。

二、材料的选择

砌体材料的选择,应坚持因地制宜、就地取材的原则,做到经济合理、安全适用、有足够的耐久性。具体选用时,首先应符合对砌体材料最低强度等级的规定,最后通过比较和优化而确定。

工程上砌体材料有的用作承重,有的用作非承重(自承重)。在有关材料的标准中,对于块体的强度等级有的比《砌体结构设计规范》规定的最低强度等级还低,尤其随着墙体材料革新的不断深入,出现了许多轻质材料的块体,这一现象更为突出。这里存在着今后国家材料标准与砌体结构设计规范如何相互协调的问题。在目前的情况下,作为砌体结构设计规范,它所采用的砌体材料是强调以承重为主的,其最低强度等级必须得到满足;对于轻质自承重砌体材料,可依据有关标准和当地经验(如是否满足耐久性要求)选择材料的强度等级。

第二节 砌体抗压强度受哪些因素的影响

一、影响因素

砌体轴心受压时,其中的块体不是想像中的均匀受压,而是处于复杂应力状态,并由于块体的抗拉、弯、剪强度很低而导致砌体破坏。因而,从本质上来说,影响砌体抗压强度的因素,就是加剧或减轻砌体内复杂应力的因素。概括起来,主要受到砌体材料的强度、砂浆的变形与和易性、块体的规整程度和尺寸、砌体施工质量以及试验方法等因素的影响。

二、考虑主要影响因素建立强度公式

影响砌体抗压强度的因素相当多,但在确定砌体强度时,只能考虑其主要影响因素。砌体抗压强度平均值,按下式计算:

$$f_m = k_1 f_1^\alpha (1 + 0.07 f_2) k_2 \tag{1-1}$$

式中 f_m——砌体轴心抗压强度平均值(MPa);

f_1——块体强度等级或抗压强度平均值(MPa);

f_2——砂浆抗压强度平均值(MPa);

k_1、α、k_2——计算参数。

由式(1-1)可知,f_1 和 f_2 反映了块体和砂浆强度大小的影响,引入计算参数 k_1 和 α,系为了考虑不同种类块体对砌体抗压强度的影响。还引入计算参数 k_2,以进一步反映砂浆强度对不同种类砌体抗压强度的影响。

砌体主要采用手工砌筑,对于实际工程中的砌体受砌筑质量的影响也较大,主要反映在水平灰缝砂浆饱满度、灰缝厚度、块体砌筑时的含水率、砌体组砌方法,以及施工质量控制等级的影响。此外,还与砌体所处受力状态(如受吊车荷载作用,梁跨度较大或验算施工中的砌体构件承载力)、截面面积很小的砌体构件,以及采用水泥砂浆砌筑的砌体等因素的影响有关。按照基本的强度公式,如何考虑这些因素的影响,详见第二章第二节所述。

第三节 砌体抗剪强度受哪些因素的影响

影响砌体抗剪强度的因素与影响砌体抗压强度的因素是类同的,但由于砌体受剪与受压的机理不同,应加以注意砂浆的粘结性能和垂直压应力的影响。

一、砂浆强度的影响

砌体在剪应力作用下,其抗剪强度主要受水平灰缝砂浆的粘结强度控制。砂浆粘结强度的高低可直接近似的由砂浆抗压强度的大小来衡量。因而砌体抗剪强度与砂浆强度密切相关。砌体抗剪强度平均值,按下式计算:

$$f_{vo,m} = k_5 \sqrt{f_2} \tag{1-2}$$

式中 $f_{vo,m}$——砌体抗剪强度平均值(MPa);

k_5——不同种类砌体的计算参数。

二、压应力的影响

砌体在剪应力(τ)和垂直压应力(σ_y)作用下,垂直压应力直接影响到砌体剪-压破坏形态(图1-1),其抗剪强度的大小不等。

(1)当 σ_y/τ 较小时,砌体沿通缝截面受剪,一旦受剪截面上的摩阻力小于剪应力,砌体将产生滑移而破坏,称为剪摩破坏(图1-1a)。这种受力状态下,随垂直压应力的增大,它在

受剪截面上产生的摩擦力增大,将阻止或减小剪切面的水平滑移,因而砌体抗剪强度提高。

(2)当 σ_y/τ 较大时,砌体因截面上的主应力大于砌体的抗拉强度,将产生阶梯形裂缝(齿缝)破坏,称为剪压破坏(图1-1b)。当轴压比约在0.6左右时,垂直压应力的增大对砌体抗剪强度的变化影响不大。

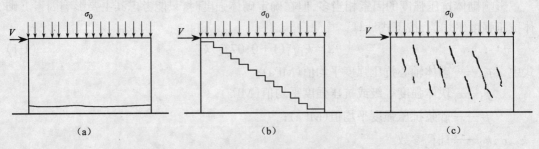

图1-1 砌体的剪-压破坏形态

(3)当 σ_y/τ 更大时,砌体将基本沿压应力的作用方向产生裂缝而破坏,称为斜压破坏(图1-1c)。这种受力状态下,随垂直应力的增大,砌体抗剪强度迅速减小直至为零。

根据以上分析,受剪-压作用的砌体抗剪强度平均值,按下式计算:

$$f_{v,m} = f_{vo,m} + \alpha\mu\sigma_{ok} \tag{1-3}$$

式中 $f_{v,m}$——剪压作用下砌体抗剪强度平均值;
　　　α——不同种类砌体的修正系数;
　　　μ——剪压复合受力影响系数;
　　　σ_{ok}——竖向压应力标准值。

按式(1-3)的相关曲线如图1-2所示。

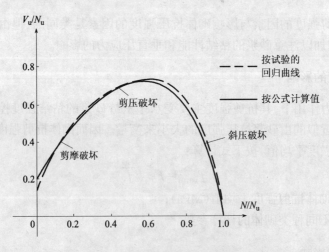

图1-2 砌体剪-压相关曲线

长期以来,国内外主要基于剪摩破坏理论和主拉应力破坏理论建立砌体在剪-压作用下的抗剪强度,而上述式(1-3)采用的是剪-压复合受力模式,反映了不同破坏形态下的抗剪强度,有较大的改进,为《砌体结构设计规范》(GB 50003—2001)采纳,用来确定剪-压作用下砌体的静力抗剪强度。

在《建筑抗震设计规范》(GB 50011—2001)中,引入砌体强度的正应力影响系数 ζ_N 来确定砌体的抗震抗剪强度。对于砖砌体

$$\zeta_N = \frac{1}{1.2}\sqrt{1+0.45\frac{\sigma_o}{f_{vo}}} \tag{1-4}$$

对于混凝土小型砌块砌体

$$\left.\begin{array}{ll} \zeta_N = 1+0.25\dfrac{\sigma_o}{f_{vo}} & (\sigma_o/f_{vo} \leqslant 5) \\ \zeta_N = 2.25+0.17(\dfrac{\sigma_o}{f_{vo}}-5) & (\sigma_o/f_{vo} > 5) \end{array}\right\} \tag{1-5}$$

式中 ζ_N——砌体抗震抗剪强度的正应力影响系数;

σ_o——对应于重力荷载代表值的砌体截面平均压应力;

f_{vo}——非抗震设计的砌体抗剪强度。

可见在确定砌体的抗震抗剪强度 $f_{VE}=\zeta_N f_{vo}$ 时,对于砖砌体系按主拉应力破坏模式计算,而对于混凝土砌块砌体,则按剪摩破坏模式计算。式(1-4)与式(1-5)所基于的抗剪强度理论不一致,又与式(1-3)不同。这反映了确定砌体在剪-压作用下的抗剪强度,无论在理论上还是方法上都有必要作进一步的深入研究,使之更加完善,更为合理。

第四节 灌孔混凝土砌块砌体的强度

将混凝土小型空心砌块砌体中的竖向孔洞采用专用混凝土(其强度等级以符号 Cb 表示)灌筑,形成灌孔混凝土砌块砌体(图 1-3)。由于它们具有良好的共同受力性能,使砌体的抗压强度和抗剪强度有较大幅度的提高。

一、抗压强度

灌孔混凝土砌块砌体受压时,空心砌块砌体与芯柱混凝土共同受力。芯柱混凝土的受压应力-应变(σ-ε)关系可取为:

$$\sigma = [2(\frac{\varepsilon}{\varepsilon_o})-(\frac{\varepsilon}{\varepsilon_o})^2]f_{c,m} \tag{1-6}$$

式中 ε_o——芯柱混凝土峰值应变;

$f_{c,m}$——灌孔混凝土轴心抗压强度平均值。

由于空心砌块砌体与芯柱混凝土在受压时,其峰值应力对应的应变值不同,空心砌块砌体的峰值应变可取为 0.0015,芯柱混凝土的峰值应变可取为 0.002。现以 $\varepsilon=0.0015$ 和 $\varepsilon_o=0.002$ 代入式(1-6),得 $\sigma=0.94f_{c,m}$。按应力叠加方法并考虑灌孔率的影响,灌孔混凝土砌块砌体的抗压强度平均值,按下式计算:

$$f_{g,m} = f_m + 0.94\frac{A_c}{A}f_{c,m} \tag{1-7}$$

式中 $f_{g,m}$——灌孔砌块砌体抗压强度平均值;

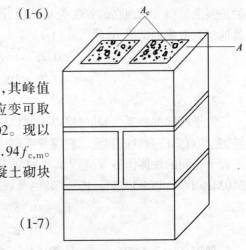

图 1-3 灌孔混凝土砌块砌体

f_m——空心砌块砌体抗压强度平均值;

A_c——灌孔混凝土截面面积;

A——砌体截面面积。

对于灌孔砌块砌体,其影响因素如上所述之外,还受到灌孔混凝土的强度和灌孔率的影响。

二、抗剪强度

灌孔混凝土砌块砌体受剪时,由于灌孔混凝土参与抗剪,其抗剪强度不能只取决于砂浆强度,还与混凝土的强度有关。对于灌孔混凝土的抗剪强度,按理应如同混凝土构件抗剪那样,以混凝土的轴心抗拉强度 f_t 来表达。但对于砌体,其轴心抗拉强度难以通过试验来测定,因而以灌孔混凝土砌块砌体的抗压强度来表达更为合适。根据试验研究,灌孔混凝土砌块砌体的抗剪强度平均值,按下式计算:

$$f_{vg,m} = 0.32 f_{g,m}^{0.55} \tag{1-8}$$

【例题 1-1】 试计算下列情况下的砖砌体抗压强度平均值:

A. 墙体采用 MU15 烧结页岩砖、M5 水泥混合砂浆。

B. 经检测墙体中烧结粉煤灰砖的抗压强度平均值为 10.97MPa,砂浆的抗压强度平均值为 2.86MPa。

C. 墙体采用 MU10 蒸压灰砂砖,其砂浆当采用烧结普通黏土砖做底模时测得的强度等级为 M7.5,而采用蒸压灰砂砖做底模时测得的强度等级为 M5。

【解】 1. 情况 A

应以 $f_1 = 15$MPa 和 $f_2 = 5$MPa 代入式(1-1),且对于砖砌体取 $k_1 = 0.78, \alpha = 0.5, k_2 = 1.0$,得

$$f_m = 0.78 \times 15^{0.5}(1 + 0.07 \times 5)$$
$$= 0.78 \times 15^{0.5} \times 1.35 = 4.078\text{MPa}$$

2. 情况 B

在式(1-1)中,f_1 既指块体的强度等级亦指块体的抗压强度平均值,上述情况 A 中代入的是强度等级。而现在的强度为检测值,故应取 $f_1 = 10.97$MPa,$f_2 = 2.86$MPa 进行计算。其他参数取值同情况 A,代入式(1-1)得

$$f_m = 0.78 \times 10.97^{0.5}(1 + 0.07 \times 2.86)$$
$$= 0.78 \times 10.97^{0.5} \times 1.20 = 3.10\text{MPa}$$

3. 情况 C

对于相同的砂浆,当其试块以不同材料块体做底模时,测得的砂浆抗压强度有一定的差异,尤其对蒸压灰砂砖和蒸压粉煤灰砖砌体的抗压强度有较大的影响。因此应采用与实际工程上相同的块体作砂浆强度试块的底模,取用其相应的砂浆强度。本例情况应以 $f_2 = 5.0$MPa 代入式(1-1)进行计算。其他参数取值同情况 A,得

$$f_m = 0.78 \times 10^{0.5}(1 + 0.07 \times 5)$$
$$= 0.78 \times 10^{0.5} \times 1.35 = 3.33\text{MPa}$$

如按 $f_2 = 7.5$MPa 计算,其砌体抗压强度平均值较上述结果高出 10%,将导致该墙体

不安全。

【例题 1-2】 试计算下列情况下的混凝土砌块砌体抗压强度平均值：

A. 墙体采用混凝土小型空心砌块 MU10、水泥混合砂浆 Mb5。
B. 墙体采用混凝土小型空心砌块 MU15、水泥混合砂浆 Mb15。
C. 墙体采用混凝土小型空心砌块 MU20、水泥混合砂浆 Mb15。

【解】 1. 情况 A

对混凝土小型空心砌块砌体，其抗压强度平均值仍按式(1-1)计算，但式中计算参数取值与砖砌体的计算参数取值不同，本例情况下取 $k_1=0.46, \alpha=0.9, k_2=1.0$，得

$$f_m = 0.46 \times 10^{0.9}(1+0.07 \times 5)$$
$$= 0.46 \times 10^{0.9} \times 1.35 = 4.93 \text{MPa}$$

2. 情况 B

因 $f_2=15.0\text{MPa}>10\text{MPa}$，取 $k_2=1.1-0.01f_2$，其他参数同情况 A。代入式(1-1)，得

$$f_m = 0.46 \times 15^{0.9}(1+0.07 \times 15)(1.1-0.01 \times 15)$$
$$= 0.46 \times 15^{0.9} \times 2.05 \times 0.95 = 10.25 \text{MPa}$$

3. 情况 C

因采用 MU20 砌块，取 $k_1=0.95 \times 0.46=0.437$，且同情况 B，取 $k_2=1.1-0.01f_2$，代入式(1-1)得

$$f_m = 0.437 \times 20^{0.9}(1+0.07 \times 15)(1.1-0.01 \times 15)$$
$$= 0.437 \times 20^{0.9} \times 2.05 \times 0.95 = 12.615 \text{MPa}$$

从本例计算可看出，砌体抗压强度虽采用统一的计算式(1-1)，但由于块体种类及块体强度和砂浆强度等因素的不同影响，还必须对其中的计算参数加以修正，显得计算中确有些烦杂。对式(1-1)作进一步的改进，使应用上既合理，又简便是有必要的。

思考题和习题

思考题 1-1　您对我国墙体材料革新政策有何了解？

思考题 1-2　砌体结构中对块体和砂浆的最低强度等级有哪些规定？

思考题 1-3　式(1-1)中是怎样反映影响砌体抗压强度的主要因素的？该式有何不足之处？

思考题 1-4　式(1-3)表示的相关曲线是如何反映砌体在剪-压作用下的破坏形态的？

习题 1-1　经检测某墙体中烧结页岩砖的强度为 13.6MPa，砂浆强度为 0.92MPa。试计算其砌体的抗压强度平均值。

习题 1-2　某墙体采用 MU20 混凝土小型空心砌块，Mb20 水泥混合砂浆。试计算砌体抗压强度平均值。

习题 1-3　试计算砂浆强度为 10MPa 的普通砖砌体和混凝土小型空心砌块砌体的抗剪强度平均值，并说明后者低于前者的原因。

习题参考答案

习题 1-1　因 $f_2=0.92\text{MPa}$，应取 $k_2=0.6+0.4f_2$。$f_m=2.96\text{MPa}$。

习题 1-2　本题中 $f_2=20\text{MPa}>10\text{MPa}$，且 $f_1=20\text{MPa}$，$f_1=f_2$。$f_m=13.99\text{MPa}$。

习题 1-3　对于普通砖砌体 $f_{v,m}=0.395\text{MPa}$，对于混凝土小型空心砌块砌体 $f_{v,m}=0.218\text{MPa}$。

第二章 砌体结构的可靠度设计方法

【重点与难点】 为了处理工程结构的安全性、适用性与经济性而采用的理论和方法,称为工程结构的可靠度设计方法。在我国,对于各类材料的建筑结构、组成结构的构件及地基基础的设计,均应遵照《建筑结构可靠度设计统一标准》(GB 50068—2001)所规定的基本原则和方法。应在熟悉以概率理论为基础的极限状态设计方法的基本概念的基础上,重点了解砌体结构构件按承载能力极限状态设计的荷载效应和砌体强度设计值的确定方法。由于结构可靠度的分析涉及较深的数学和结构分析的知识,初学者一时要建立清晰的概念较为困难。

【学习方法】 按教学计划,通常先讲授混凝土结构设计原理,因而在学习砌体结构的设计方法时,可采用与混凝土结构可靠度设计方法相比较的方式,并通过构件承载力的计算,使之逐步掌握砌体结构的可靠度设计方法。此外,应注意保证砌体结构正常使用极限状态的方法与混凝土结构等的方法有较大不同。

第一节 极限状态设计原则

工程结构的各种极限状态可以分为两类,即承载能力极限状态和正常使用极限状态。前者指结构或构件发挥允许的最大承载能力的状态,后者指结构或构件达到使用功能上允许的某个限值的状态。

在我国,各类材料结构采用以概率理论为基础的极限状态设计方法,即考虑基本变量概率分布类型的一次二阶矩极限状态设计法。具体计算中则是采用多个分项系数的极限状态设计表达式。

结构按极限状态设计,应符合下列要求:

$$g(X_1, X_2, \cdots\cdots, X_n) \geqslant 0 \tag{2-1}$$

式中 $g(\cdot)$——结构的功能函数;

X_i——结构上的各种作用和材料性能、几何参数等基本变量。

当仅有作用效应和结构抗力两个基本变量时,结构按极限状态设计,应符合下列要求:

$$R - S \geqslant 0 \tag{2-2}$$

式中 R——结构的抗力;

S——结构的作用效应。

一、承载能力极限状态设计表达式

砌体结构按承载能力极限状态设计的表达式为:

$$\gamma_o S \leqslant R(\cdot) \tag{2-3}$$

$$R(\cdot) = R(\gamma_a f, a_k \cdots) \tag{2-4}$$

式中 γ_0——结构重要性系数;

S——荷载效应组合设计值(如轴向压力、剪力等);

$R(\cdot)$——结构构件的设计抗力函数;

γ_a——砌体强度设计值的调整系数;

f——砌体强度设计值;

a_k——几何参数标准值。

式(2-3)中的 S 为由可变荷载或由永久荷载效应控制的组合值,它们均应得到满足。为此,计算上应从下列两种组合值中取最不利值。

1. 由可变荷载效应控制的组合值

$$S = \gamma_G S_{G_k} + \gamma_{Q_1} S_{Q_{1k}} + \sum_{i=2}^{n} \gamma_{Q_i} \psi_{ci} S_{Q_{ik}} \tag{2-5}$$

式中 S_{G_k}——永久荷载标准值的效应;

$S_{Q_{1k}}$——在基本组合中起控制作用的一个可变荷载标准值的效应;

$S_{Q_{ik}}$——第 i 个可变荷载标准值的效应;

γ_G——永久荷载分项系数,应取 1.2;

$\gamma_{Q_1}, \gamma_{Q_i}$——第 1 个和第 i 个可变荷载分项系数,一般情况下应取 1.4;

ψ_{ci}——第 i 个可变荷载的组合值系数,一般情况下应取 0.7。

其简化公式为:

$$S = \gamma_G S_{G_k} + \psi \sum_{i=1}^{n} \gamma_{Q_i} S_{Q_{ik}} \tag{2-6}$$

式中 ψ——简化设计表达式中采用的荷载组合系数,一般情况下可取 $\psi=0.90$,当只有一个可变荷载时,取 $\psi=1.0$。

2. 由永久荷载效应控制的组合值

$$S = \gamma_G S_{G_k} + \sum_{i=1}^{n} \gamma_{Q_i} \psi_{ci} S_{Q_{ik}} \tag{2-7}$$

式中 γ_G——永久荷载分项系数,应取 1.35。

当砌体结构作为一个刚体,需验算整体稳定,例如验算倾覆、滑移、漂浮等,此时式(2-5)和式(2-7)的区别在于要区分起有利作用和起不利作用的永久荷载标准值的效应,且为了确保其可靠度,起有利作用的永久荷载的分项系数取得较小。因而砌体结构的整体稳定性统一按下式计算:

$$\gamma_0 (1.2 S_{G_{2k}} + 1.4 S_{Q_{1k}} + \sum_{i=2}^{n} S_{Q_{ik}}) \leqslant 0.8 S_{G_{1k}} \tag{2-8}$$

式中 $S_{G_{1k}}$——起有利作用的永久荷载标准值的效应,式内 0.8 为其分项系数;

$S_{G_{2k}}$——起不利作用的永久荷载标准值的效应。

二、正常使用极限状态

对于钢筋混凝土结构构件,有一系列满足正常使用极限状态要求的计算或验算方法,如裂缝控制验算和受弯构件挠度验算。但对于砌体结构构件,尤其无筋砌体是一种脆性材料,且主要用于受压,其正常使用极限状态基本上以相应的构造要求或规定来代替上述验算。如墙、柱的高厚比不应大于允许高厚比,作为刚性和刚弹性方案房屋的横墙的最大水平位移不应超过 $H/4000$(H 为横墙总高度),受压构件轴向压力的偏心距不应超过限定值,以及为保证砌体结构的耐久性和正常使用采取的诸多措施等。可见砌体结构同样应满足正常使用极限状态的要求,只是由于砌体结构自身的特点,采取的具体方法与钢筋混凝土等材料结构的方法有所不同。

第二节 砌体强度设计值

砌体强度设计值是考虑影响结构构件可靠性因素后的材料强度指标。不同材料的强度设计值的确定原则是相同的,但对于砌体,它的强度受到多种因素的影响,设计计算上还需对砌体强度设计值作进一步的调整,较之确定混凝土或钢材等材料的强度设计值显得规定较多。

一、砌体抗压强度设计值与平均值的关系

1. 一般砌体

砌体抗压强度设计值(f)由其标准值(f_k)除以砌体材料性能分项系数(γ_f)而得,即

$$f = \frac{f_k}{\gamma_f} \tag{2-9}$$

砌体抗压强度标准值是其抗压强度的基本代表值,由概率分布的 0.05 分位数确定,即

$$f_k = f_m - 1.645\sigma_f = (1 - 1.645\delta_f)f_m \tag{2-10}$$

式中 f_k——砌体抗压强度标准值;

σ_f——砌体抗压强度标准差;

δ_f——砌体抗压强度变异系数。

由式(2-10)

$$f_k = (1 - 1.645 \times 0.17)f_m = 0.72f_m$$

由式(2-9)

$$f = \frac{f_k}{1.6} = 0.62f_k$$

因而砌体抗压强度设计值与平均值之间的关系为(毛石砌体除外):

$$f = 0.45f_m \tag{2-11}$$

对于毛石砌体,只需代入 $\delta_f = 0.24$,得

$$f = 0.37f_m \tag{2-12}$$

2. 混凝土砌块灌孔砌体

同理,按可靠度要求,将式(1-7)转换为设计值,得

$$f_g = f + 0.82\alpha f_c$$

考虑灌孔混凝土砌块墙体中清扫孔的不利影响,设计计算时取

$$f_g = f + 0.6\alpha f_c \tag{2-13}$$

$$\alpha = \delta\rho \tag{2-14}$$

式中 f_g——混凝土砌块灌孔砌体抗压强度设计值；

f——混凝土空心砌块砌体抗压强度设计值；

α——砌块砌体中灌孔混凝土面积与砌体毛面积的比值；

δ——混凝土砌块孔洞率；

ρ——混凝土砌块砌体灌孔率。

这种砌体受到灌孔混凝土的强度及灌孔率等因素的影响，其抗压强度设计值与平均值之间的关系不易直接写成一个简单的表达式，但对于某一给定的砌体，可由式(2-13)与式(1-7)的计算结果进行比较。

二、砌体抗剪强度设计值与平均值的关系

1. 一般情况

各类砌体(毛石砌体除外)抗剪强度的变异系数为 $\delta_f = 0.20$，毛石砌体的 $\delta_f = 0.26$，则得

$$f_{vo} = 0.42 f_{vo,m} \tag{2-15}$$

对于毛石砌体

$$f_{vo} = 0.36 f_{vo,m} \tag{2-16}$$

2. 剪-压应力作用下

按可靠度要求，将式(1-3)转换为设计值，得

$$f_v = f_{vo} + \alpha\mu\sigma_o \tag{2-17}$$

$$\mu = 0.26 - 0.082 \frac{\sigma_o}{f} \quad (\gamma_G = 1.2 \text{ 时}) \tag{2-18a}$$

$$\mu = 0.23 - 0.065 \frac{\sigma_o}{f} \quad (\gamma_G = 1.35 \text{ 时}) \tag{2-18b}$$

式中 f_v——受压应力作用时砌体抗剪强度设计值；

f_{vo}——砌体抗剪强度(无压应力作用)设计值；

α——不同种类砌体的修正系数，当 $\gamma_G = 1.2$ 时，砖砌体取 0.60，混凝土砌块砌体取 0.64；当 $\gamma_G = 1.35$ 时，分别取 0.64 和 0.66；

μ——剪压复合受力影响系数；

σ_o——永久荷载设计值产生的水平截面平均压应力；

σ_o/f——轴压比，不应大于 0.8；

γ_G——永久荷载分项系数。

3. 混凝土砌块灌孔砌体

按可靠度要求，将式(1-8)转换为设计值，得

$$f_{vg} = 0.208 f_g^{0.55}$$

设计计算时规定取

$$f_{vg} = 0.2 f_g^{0.55} \tag{2-19}$$

式中 f_{vg}——混凝土砌块灌孔砌体抗剪强度设计值。

三、砌体强度设计值的调整系数

以上所述砌体强度是依据试验研究结果,并按一般的主要影响因素而建立。对于实际工程中的砌体,在设计上还需进一步考虑结构可靠性及经济性。这主要反映在砌体结构构件所处的受力工作状况,小截面面积的构件,采用水泥砂浆砌筑的构件,其砖体强度有可能较上述规定值降低。另一方面,对不同施工质量控制等级的构件及验算施工中房屋的构件,对其砌体强度设计值作适当调整,使砌体结构的设计更为经济、合理。因而设计计算时,需将上述给定的砌体强度设计值乘以调整系数 γ_a,即取 $\gamma_a f$。这样做实质上是调整砌体结构构件的承载力。γ_a 值按下述方法确定。

1. 砌体结构构件所处的受力工作状况

受吊车荷载作用及跨度较大的梁下砌体构件,其受力较为不利。故规定有吊车荷载作用房屋的砌体,跨度等于或大于 9m 的梁下烧结普通砖砖体,跨度等于或大于 7.2m 的梁下烧结多孔砖、蒸压灰砂砖、蒸压粉煤灰砖砌体、混凝土和轻骨料混凝土砌块砌体,取 $\gamma_a = 0.9$。

2. 小截面面积的砌体构件

砌体构件的截面面积很小时,一旦构件局部受损或有缺陷等情况,截面面积的减小将使构件承载力有较大的降低。为此,对无筋砌体构件,其截面面积 $A < 0.3 \text{m}^2$ 时,取 $\gamma_a = 0.7 + A$;对配筋砌体构件,当其中砌体截面面积 $A < 0.2 \text{m}^2$ 时,取 $\gamma_a = 0.8 + A$。以网状配筋砖砌体受压构件为例,网状配筋砖砌体的抗压强度设计值 f_n 由无筋砌体的强度 f 和钢筋强度 f_y 两项组成,此时应取 $\gamma_a f$,而不是取 $\gamma_a f_n$。

对于砌体的局部受压,均取 $\gamma_a = 1.0$。

3. 采用水泥砂浆砌筑的砌体

由水泥、砂和水按一定配比制成的水泥砂浆的保水性、和易性差,砌筑时灰缝中砂浆不易均匀、饱满,其砌体强度较采用同强度等级的水泥混合砂浆的砌体强度有所降低。为此,采用水泥砂浆砌筑的砌体,对砌体抗压强度设计值,$\gamma_a = 0.9$;对砌体的抗拉、弯曲抗拉和抗剪强度设计值,$\gamma_a = 0.8$。若遇配筋砌体构件,亦仅对砌体的强度设计值(如 f)乘上述 γ_a。

4. 不同施工质量控制等级的砌体

施工质量控制等级是指按质量控制和质量保证若干要素对施工技术水平所做的分级。根据施工现场的质量管理、砂浆和混凝土的强度、砌筑工人技术等级的综合水平划分的砌体施工质量控制级别,称为砌体施工质量控制等级。它分为 A、B、C 三级。A 级质量控制最严,B 级次之,C 级最低。其中 B 级为我国砌体目前一般施工水平,《砌体结构设计规范》中表列的砌体强度设计值为 B 级时的取值,即砌体材料性能分项系数 $\gamma_f = 1.6$。当施工质量控制等级为 C 级时,$\gamma_f = 1.8$,得 $\gamma_a = 1.6/1.8 = 0.89$。如为 A 级时,$\gamma_f = 1.5$,可取 $\gamma_a = 1.05$。上述方法使砌体施工质量控制等级与砌体结构设计紧密关联,可操作性强。

配筋砌体的施工质量控制等级,不允许采用 C 级。在配筋混凝土砌块砌体剪力墙高层建筑中,为提高这种结构体系的可靠性,设计时宜选用 B 级的砌体强度值,而施工宜按 A 级控制。

5. 验算施工中房屋的砌体构件

验算施工中房屋砌体构件的承载力时,为经济起见,可适当降低可靠度,取 $\gamma_a=1.1$。

【例题 2-1】 某墙体采用 MU15 烧结页岩砖,试确定下列情况下砖砌体的抗压强度设计值:

A. 施工质量控制等级为 B 级,采用 M5 水泥混合砂浆。

B. 施工质量控制等级为 C 级,采用 M5 水泥混合砂浆。

C. 施工质量控制等级为 B 级,采用 M5 水泥砂浆。

D. 施工质量控制等级为 B 级,采用 M5 水泥混合砂浆,墙体截面尺寸为 240mm×620mm。

【解】 在确定砌体抗压强度设计值时,应针对上述不同情况采用其强度调整系数。

1. 情况 A

由 $f_1=15$MPa、$f_2=5$MPa,直接查《砌体结构设计规范》表 3.2.1-1(砌体施工质量控制等级为 B 级),可得 $f=1.83$MPa。

亦可通过计算,如【例题 1-1】中得 $f_m=4.078$MPa,再按式(2-11)得 $f=0.45f_m=0.45\times4.078=1.83$MPa。

2. 情况 B

因砌体施工质量控制等级为 C 级,其他条件同上,则取 $\gamma_a=0.89$,得 $f=0.89\times1.83=1.63$MPa。

3. 情况 C

砌体施工质量控制等级为 B 级,但采用水泥砂浆砌筑,取 $\gamma_a=0.9$,得 $f=0.9\times1.83=1.65$MPa。

4. 情况 D

砌体施工质量控制等级为 B 级,但墙体截面面积 $A=0.24\times0.62=0.149\text{m}^2<0.3\text{m}^2$,取 $\gamma_a=0.7+A=0.7+0.149=0.849$,得 $f=0.849\times1.83=1.55$MPa。

【例题 2-2】 某混凝土砌块墙体,采用混凝土小型空心砌块 MU20,砌块孔洞率 45%,水泥混合砂浆 Mb15,灌孔混凝土 Cb30,施工质量控制等级为 B 级。试确定图 2-1 所示情况的砌体抗压强度设计值。

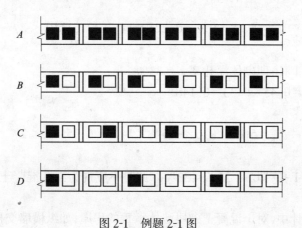

图 2-1 例题 2-1 图

【解】 图 2-1 表明本题为灌孔混凝土砌块砌体,在计算其砌体强度时,应注意式(2-13)受到一定条件的制约,以便使这种砌体安全可靠,且每种材料的强度得到较为充分的发挥。限制的条件有:

A. 适用于单排孔混凝土砌块且对孔砌筑的砌体。对于错孔砌筑、双排砌块组砌等情况,需作相应的修正。

B. 块体、砌筑砂浆、灌孔混凝土的强度等级应相互匹配,且灌孔混凝土强度等级不应低于 Cb20,也不应低于 1.5 倍的块体强度等级。

C. 灌孔混凝土砌块砌体的抗压强度设计值,不应大于空心砌块砌体抗压强度设计值的 2 倍。

D. 灌孔混凝土砌块砌体的灌孔率不应小于 33%。如灌孔率小于此值,则不计入灌孔混凝土对砌体强度增加的影响,即砌体抗压强度设计值为 f。

本例中墙体采用的砌块和砌筑方式,以及砌块、砌筑砂浆和灌孔混凝土的强度等级符合上述 A、B 条的要求。

1. 情况 A

属全灌孔砌体,即砌体灌孔率 $\rho = 100\%$。

混凝土空心砌块砌体的抗压强度设计值,直接查《砌体结构设计规范》表 3.2.1-3,可得 $f = 5.68 \text{MPa}$。

亦可通过计算,如【例题 1-2】中得 $f_m = 12.615 \text{MPa}$,代入式(2-11)得 $f = 0.45 \times 12.615 = 5.68 \text{MPa}$。

由式(2-14),$\alpha = \delta\rho = 0.45 \times 1.0 = 0.45$

Cb30 混凝土,$f_c = 14.3 \text{MPa}$

按式(2-13),
$$f_g = f + 0.6\alpha f_c$$
$$= 5.68 + 0.6 \times 0.45 \times 14.3 = 9.54 \text{MPa} < 2f$$

2. 情况 B

为每隔 1 孔灌 1 孔,即砌体灌孔率 $\rho = 50\% > 33\%$。

由式(2-14),$\alpha = 0.45 \times 0.5 = 0.225$

按式(2-13),
$$f_g = 5.68 + 0.6 \times 0.225 \times 14.3 = 7.61 \text{MPa} < 2f$$

3. 情况 C

为每隔 2 孔灌 1 孔,即砌体灌孔率 $\rho = 33\%$。

由式(2-14),$\alpha = 0.45 \times 0.33 = 0.148$

按式(2-13),
$$f_g = 5.68 + 0.6 \times 0.148 \times 14.3 = 6.95 \text{MPa} < 2f$$

4. 情况 D

为每隔 3 孔灌 1 孔,即 $\rho = 25\% < 33\%$。此时不应视为灌孔混凝土砌块砌体,应取 $f = 5.68 \text{MPa}$。

在工程结构设计中,对于混凝土砌块墙体承重的房屋,如纵横墙交接处距墙中心线每边不小于 300mm 范围内的孔洞,应采用灌孔混凝土灌实,灌实高度为墙身全高。又如在屋架、梁的支承面下,若未设圈梁或混凝土垫块,应将高度不小于600mm、长度不小于600mm的砌体,采用灌孔混凝土将孔洞灌实等。这些是为了增强混凝土空心砌块墙体的整体性,以及确保梁或屋架端部支承处砌体的局部受压能力,从构造上对墙体提出的灌孔要求,在墙体承载力计算时亦不应视为灌孔混凝土砌块砌体。

思考题和习题

思考题 2-1　在砌体结构的承载力计算中,应考虑何种最不利荷载效应组合?

思考题 2-2　砌体结构与混凝土结构在正常使用极限状态的验算上有何主要异同点?

思考题 2-3　砌体抗压强度设计值是按什么方法确定的?

思考题 2-4　是否不论何条件下均可按式(2-3)确定灌孔混凝土砌块砌体的抗压强度?

思考题 2-5　设计计算时的砌体抗压强度取值还受到哪些因素的影响?您对采用砌体强度设计值的调整系数有何改进建议?

思考题 2-6　在砌体局部受压承载力计算中如何采用砌体强度设计值的调整系数?

思考题 2-7　砌体结构设计中引入施工质量控制等级的主要意义何在?

习题 2-1　按[例题 2-1]所给条件,当砌体局部抗压强度提高系数 γ 均为 1.18 时,砌体局部抗压强度分别为多少?

习题 2-2　对于习题 1-2 所给的混凝土小型空心砌块砌体,当砌块的孔洞率为 46%、采用 Cb40 灌孔混凝土且施工质量控制等级为 B 级时,试计算下列灌孔率(ρ)的砌体抗压强度设计值。

A.$\rho = 100\%$　　B.$\rho = 50\%$　　C.$\rho = 20\%$

习题 2-3　按习题 2-2 的条件,试计算砌体抗剪强度设计值。

习题参考答案

习题 2-1　情况 A,$f = 2.16\text{MPa}$;情况 B,$f = 1.92\text{MPa}$;情况 C,$f = 1.95\text{MPa}$;情况 D,$f = 2.16\text{MPa}$。

习题 2-2　情况 A,$f_g = 11.56\text{MPa}$;情况 B,$f_g = 0.92\text{MPa}$;情况 C,因 $\rho = 20\% < 33\%$,应视为空心砌块砌体,$f = 6.29\text{MPa}$。

习题 2-3　情况 A,$f_{vg} = 0.77\text{MPa}$;情况 B,$f_{vg} = 0.67\text{MPa}$;情况 C,《砌体结构设计规范》中对于砂浆强度等级等于或大于 Mb10 的空心砌块砌体抗剪强度设计值,系按 $f_2 = 10\text{MPa}$ 计算而得,故,$f = 0.09\text{MPa}$。

第三章 无筋砌体结构构件的承载力

【重点与难点】 砌体结构房屋中,无筋砌体墙、柱的受压承载力是至关重要的,在抗震设防地区,还应确保其受剪承载力。学习的重点应是熟练掌握砌体墙、柱的受压承载力、局部受压承载力及受剪承载力的计算方法。由于影响上述承载力的因素较多,如何全面而准确应用这些计算公式是学习中的难点。

【学习方法】 只有深入理解影响砌体受压、局部受压和受剪构件承载力的因素,才能全面掌握其承载力的计算,还应注重这些计算方法在实际工程设计中的运用。

第一节 墙、柱受压承载力

一、基本公式

无筋砌体墙、柱受压承载力计算的基本公式为:

$$N \leqslant \varphi f A \tag{3-1}$$

式中 N——轴向力设计值;
φ——高厚比和轴向力的偏心距对受压构件承载力的影响系数;
f——砌体抗压强度设计值;
A——构件截面面积。

二、影响因素分析

式(3-1)表明,影响无筋砌体受压构件承载力的因素有砌体强度、构件截面面积和系数 φ。其中 φ 又主要受轴向力的偏心距和高厚比两项因素的影响。

1. 偏心距的影响

砌体在偏心压力作用下,随偏心距的增大,截面压应力分布不均匀,截面受拉边产生水平裂缝,砌体的受压承载力降低。根据试验和研究结果,以砌体受压时的偏心影响系数 α 来表达,按下式计算:

$$\alpha = \frac{1}{1 + \left(\dfrac{e}{i}\right)^2} \tag{3-2}$$

式中 e——轴向力的偏心距;
i——截面回转半径。

对于矩形截面构件

$$\alpha = \frac{1}{1 + 12\left(\dfrac{e}{h}\right)^2} \tag{3-3}$$

对于 T 形截面构件

$$\alpha = \frac{1}{1 + 12\left(\frac{e}{h_T}\right)^2} \tag{3-4}$$

式中　h——矩形截面沿轴向力偏心方向的边长；

　　　h_T——T 形截面的折算厚度，$h_T = 3.5i$。

式(3-2)主要依据试验研究结果而建立，考虑了砌体材料一定的塑性变形能力，虽没有明确提出砌体在偏心受压时截面的应力分布图形，但却采用了一个连续的表达偏心距影响的公式是合理的。

2．高厚比的影响

细长墙、柱在轴心受压时将产生纵向弯曲，引起受压承载力的降低，其影响的大小以稳定系数表示。通过对构件产生纵向弯曲破坏的临界应力的分析，轴心受压构件的稳定系数随构件高厚比的增大而减小，随砌体受压变形能力的减小而增大。按下式计算：

$$\varphi_0 = \frac{1}{1 + \eta\beta^2} \tag{3-5}$$

对于矩形截面构件

$$\beta = \gamma_\beta \frac{H_0}{h} \tag{3-6}$$

对于 T 形截面构件

$$\beta = \gamma_\beta \frac{H_0}{h_T} \tag{3-7}$$

式中系数 η 反映砌体受压变形能力的影响，按砂浆强度（f_2）的不同而确定，

　　　$f_2 \geqslant 5$MPa 时，$\eta = 0.0015$；

　　　$f_2 = 2.5$MPa 时，$\eta = 0.002$；

　　　$f_2 = 0$ 时，$\eta = 0.009$。

β 为构件的高厚比，由于不同种类砌体在受力及变形性能上的差异，故引入修正系数 γ_β，按表 3-1 采用。

高厚比修正系数　　　　　　　　　　表 3-1

砌　体　类　别	γ_β
烧结普通砖、烧结多孔砖砌体	1.0
混凝土及轻骨料混凝土砌块砌体	1.1
蒸压灰砂砖、蒸压粉煤灰砖、细料石、半细料石砌体	1.2
粗料石、毛石砌体	1.5

注：灌孔混凝土砌块砌体，$\gamma_\beta = 1.0$。

3．偏心距与高厚比的综合影响

细长墙、柱在偏心受压时，因纵向弯曲而产生挠曲变形（侧向变形），又会引起附加内力，即谓二阶效应。现采用附加偏心距法进行分析，若构件纵向弯曲后产生的附加偏心距为 e_i，则由式(3-2)得

$$\varphi = \cfrac{1}{1 + \left(\cfrac{e + e_i}{i}\right)^2} \tag{3-8}$$

当 $e = 0$ 时，有 $\varphi = \varphi_0$，于是得

$$e_i = i\sqrt{\cfrac{1}{\varphi_0} - 1} \tag{3-9a}$$

对于矩形截面构件

$$e_i = \cfrac{h}{\sqrt{12}}\sqrt{\cfrac{1}{\varphi_0} - 1} \tag{3-9b}$$

将 e_i 代回式(3-8)，构件高厚比和轴向力的偏心距对受压构件承载力的影响系数，按下式计算：

$$\varphi = \cfrac{1}{1 + 12\left[\cfrac{e}{h} + \sqrt{\cfrac{1}{12}\left(\cfrac{1}{\varphi_0} - 1\right)}\right]^2} \tag{3-10}$$

对于 T 形截面构件，以折算厚度 h_T 代替 h，仍按式(3-10)计算 φ 值。

三、在设计中的运用

式(3-1)看起来很简单，但在工程设计中易发生疏漏或产生错误。除了第二章第二节中需对砌体强度设计值进行调整外，还应注意下列几点。式(3-1)中构件截面面积的确定，详见第四章第三节中的规定。

1. 应满足轴向力偏心距限值的要求

无筋砌体墙、柱在偏心压力作用下，随着偏心距的增大，截面受拉边缘很易开裂，并将产生较大的水平裂缝，直接影响结构的正常使用，甚至不安全。为此，要求轴向力的偏心距不应超过下列限值要求：

$$e \leqslant 0.6y \tag{3-11}$$

式中 y 为截面重心到轴向力所在偏心方向截面边缘的距离(图3-1)。

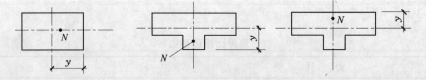

图 3-1 截面的 y 值

在设计中如遇 $e > 0.6y$，则应设法在可能的条件下减小轴向力的偏心距，例如修改墙、柱截面形式或增大截面尺寸，有的需要重新审查是否要改变结构布置方案，甚至另选其他类型的结构。

2. 应注意验算轴心受压承载力

对于矩形截面墙、柱，当轴向力偏心方向的截面边长大于另一方向的边长时，除按偏心受压计算外，还应对较小边长按轴心受压进行承载力验算，以策安全。

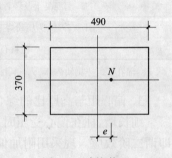

图 3-2 砖柱截面

【例题 3-1】 某矩形截面砖柱,采用烧结粉煤灰砖 MU20、水泥混合砂浆 M10 砌筑,施工质量控制等级为 B 级。柱计算高度为 5.2m。试核算下列情况下(图 3-2)砖柱的受压承载力:

A. $N = 210.0$kN, $e = 75$mm。
B. $N = 160.0$kN, $e = 140$mm。
C. $N = 120.0$kN, $e = 170$mm。

【解】 本题为矩形截面偏心受压,计算时应先检核轴向力的偏心距是否符合限值的要求,并应注意验算平面外的受压承载力。

因砖柱截面面积 $A = 0.37 \times 0.49 = 0.181$m^2 < 0.3m^2,按第二章第二节所述,取 $\gamma_a = 0.7 + A = 0.7 + 0.181 = 0.881$,由 $f_1 = 20$MPa 和 $f_2 = 10$MPa,得 $f = 0.881 \times 2.67 = 2.35$MPa。

1. 情况 A

$$\frac{e}{h} = \frac{75}{490} = 0.15, \frac{e}{y} = 2 \times 0.15 = 0.3 < 0.6$$

$$\beta = \frac{H_0}{h} = \frac{5200}{490} = 10.6 < 17$$

影响系数 φ 可在有关资料的表格中查得,现按公式进行计算。由式(3-5),得

$$\varphi_0 = \frac{1}{1 + \eta\beta^2} = \frac{1}{1 + 0.0015 \times 10.6^2} = 0.856$$

代入式(3-10),得

$$\varphi = \frac{1}{1 + 12\left[\frac{e}{h} + \sqrt{\frac{1}{12}\left(\frac{1}{\varphi_0} - 1\right)}\right]^2}$$

$$= \frac{1}{1 + 12\left[0.15 + \sqrt{\frac{1}{12}\left(\frac{1}{0.856} - 1\right)}\right]^2}$$

$$= \frac{1}{1 + 12 \times 0.268^2} = 0.537$$

按式(3-1),

$$\varphi fA = 0.537 \times 2.35 \times 0.181 \times 10^3 = 228.4\text{kN} > 210.0\text{kN}$$

因轴向力偏心方向的截面边长为 490mm,大于另一方向的边长 370mm,需对短边方向做轴心受压承载力验算。

此时柱的高厚比 $\beta = \frac{H_0}{b} = \frac{5200}{370} = 14.05 < 17$,由式(3-5)得:

$$\varphi_0 = \frac{1}{1 + \eta\beta^2} = \frac{1}{1 + 0.0015 \times 14.05^2} = 0.771$$

由于 $\varphi_0 = 0.771 > \varphi = 0.537$,该受压承载力足够。

比较上述两种受力 F 的计算结果可知,该柱的受压承载力满足要求。

2. 情况 B

$\frac{e}{h} = \frac{140}{490} = 0.286, \frac{e}{y} = 2 \times 0.286 = 0.57 < 0.6$,且由 $\beta = 10.6$,经计算得

$$\varphi = \cfrac{1}{1+12\left[0.286+\cfrac{1}{12}\left(\cfrac{1}{0.856}-1\right)\right]^2}$$

$$=\frac{1}{1+12\times 0.404^2}=0.338$$

按式(3-1),
$$\varphi f A = 0.338 \times 2.35 \times 0.181 \times 10^3 = 143.8\text{kN} < 160.0\text{kN}$$

平面外轴心受压承载力验算同情况 A 的结果。比较两种受力下的计算结果可知,虽平面外的轴心受压承载力满足要求,但平面内的偏心受压承载力不足。故该柱的受压承载力仍不满足要求。

3. 情况 C

$\dfrac{e}{h}=\dfrac{170}{490}=0.35, \dfrac{e}{y}=2\times 0.35=0.7>0.6$,可见轴向力的偏心距已超过规定限值的要求。故该柱的受压承载力不满足要求。

【例题 3-2】 某带壁柱砖墙,计算高度为 4.2m,截面如图 3-3 所示。采用烧结页岩砖 MU20、水泥混合砂浆 M15 砌筑,施工质量控制等级为 B 级。试核算下列情况下墙体的受压承载力:

A. 轴向力 $N=980.0$kN,作用于截面重心(图 3-3 中 o 点)。

B. 轴向力 $N=600.0$kN,作用于带壁柱墙的翼部(图 3-3 中 m 点)。

C. 轴向力 $N=320.0$kN,作用于带壁柱墙的肋部(图 3-3 中 n 点)。

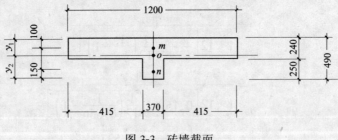

图 3-3 砖墙截面

【解】 对于带壁柱砖墙,截面为 T 形,在受压承载力计算中,构件的高厚比、相对偏心距与矩形截面的有较大的不同,应采用 T 形截面相应的几个特征值,否则很易产生计算结果的错误。

截面几何特征值的计算如下:

截面面积 $A=1.2\times 0.24+0.37\times 0.25=0.381\text{m}^2>0.3\text{m}^2$

截面重心位置
$$y_1=\frac{1.2\times 0.24\times 0.12+0.37\times 0.25\times 0.365}{0.381}=0.179\text{m}$$

或 $\qquad y_2=0.49-y_1=0.49-0.179=0.311\text{m}$

截面惯性矩
$$I=\frac{1}{3}\times 1.2\times 0.179^3+\frac{1}{3}(1.2-0.37)(0.24-0.179)^3+\frac{1}{3}\times 0.37\times 0.311^3$$
$$=0.0061\text{m}^4$$

截面回转半径
$$i = \sqrt{\frac{I}{A}} = \sqrt{\frac{0.0061}{0.381}} = 0.126\text{m}$$

截面折算厚度
$$h_T = 3.5i = 3.5 \times 0.126 = 0.441\text{m}$$

由 $f_1 = 20\text{MPa}$、$f_2 = 15\text{MPa}$，得 $f = 3.22\text{MPa}$。

1. 情况 A

N 作用于截面重心，属轴心受压。
$$\beta = \frac{H_0}{h_T} = \frac{4.2}{0.441} = 9.5 < 26$$

由式(3-5)，得
$$\varphi_0 = \frac{1}{1 + \eta\beta^2} = \frac{1}{1 + 0.0015 \times 9.5^2} = 0.88$$

按式(3-1)，得
$$\varphi f A = 0.88 \times 3.22 \times 0.381 \times 10^3 = 1079.6\text{kN} > 980.0\text{kN}$$

此情况下墙体受压承载力满足要求。

2. 情况 B

属偏心受压，且 N 作用于翼部，应取 $y = y_1 = 0.179\text{m}$（若取 $y = y_2 = 0.311\text{m}$，则是错误的），则 $e = y_1 - 0.1 = 0.179 - 0.1 = 0.079\text{m}$

$$\frac{e}{y_1} = \frac{0.079}{0.179} = 0.44 < 0.6$$

由 $\dfrac{e}{h_T} = \dfrac{0.079}{0.441} = 0.179$ 和式(3-10)，得

$$\varphi = \frac{1}{1 + 12\left[0.179 + \sqrt{\dfrac{1}{12}\left(\dfrac{1}{0.88} - 1\right)}\right]^2}$$

$$= \frac{1}{1 + 12 \times 0.286^2} = 0.505$$

按式(3-1)，得
$$\varphi f A = 0.505 \times 3.22 \times 0.381 \times 10^3 = 619.5\text{kN} > 600.0\text{kN}$$

此情况下墙体受压承载力满足要求。

3. 情况 C

属偏心受压，且 N 作用于肋部，应取 $y = y_2 = 0.311\text{m}$（若取 $y = y_1 = 0.179\text{m}$，则是错误的），则 $e = y_2 - 0.15 = 0.311 - 0.15 = 0.161\text{m}$

$$\frac{e}{y_2} = \frac{0.161}{0.311} = 0.52 < 0.6$$

由 $\dfrac{e}{h_T} = \dfrac{0.161}{0.441} = 0.365$ 和式(3-10)，得

$$\varphi = \frac{1}{1 + 12\left[0.365 + \dfrac{1}{12}\left(\dfrac{1}{0.88} - 1\right)\right]^2}$$

$$=\frac{1}{1+12\times 0.472^2}=0.272$$

按式(3-1),得

$$\varphi fA = 0.272\times 3.22\times 0.381\times 10^3 = 333.7\text{kN} > 320.0\text{kN}$$

以上计算结果表明,该墙体在轴心受压时承载力最高,随偏心距的增大,受压承载力明显减小,其中情况 C 较情况 B 的承载力还低。如果要使情况 C 的受压承载力与情况 B 的受压承载力相等,应使其 e/h_T 与情况 B 的相等,即 N 的作用点至截面肋外缘的距离应由原 150mm 改变为 232mm($e = y_1 - 0.232 = 0.311 - 0.232 = 0.079$m)。

第二节 砌体局部受压承载力

当压力作用于砌体的部分截面上,该砌体产生局部受压。如砌体局部截面上承受均匀分布的压应力,称为局部均受压。如砌体局部截面上承受不均匀分布的压应力,称为局部不均匀受压,工程上经常出现的梁(或屋架)端支承处砌体局部受压,就属这种受力状态。对于砌体局部受压承载力,最基本的特征一是砌体局部抗压强度有一定的提高,二是局部受压面积往往很小。为了增大砌体局部受压承载力,除了选用较高强度等级的砌体材料外,工程上较为有效而常被采用的是设置混凝土垫块。

一、局部抗压强度提高系数

当砌体抗压强度为 f 时,砌体的局部抗压强度为 γf,该 γ 值大于 1.0,称为局部抗压强度提高系数。

砌体在局部压力作用下,由于截面内的"套箍强化"或"力的扩散"的原因,使得直接受压砌体的强度有一定程度的增加。其提高的程度与局部受压砌体所处的位置,它受周边砌体的约束程度等因素有关,按下式计算:

$$\gamma = 1 + 0.35\sqrt{\frac{A_0}{A_l}-1} \tag{3-12}$$

式中 γ——砌体局部抗压强度提高系数;

A_0——影响砌体局部抗压强度的计算面积;

A_l——局部受压面积。

式(3-12)中,第一项反映的是砌体自身的抗压强度,第二项为非局部受压面积($A_0 - A_l$)所提供的侧向压力和应力扩散作用的综合影响而增加的砌体抗压强度。

在工程设计上,为避免脆性的砌体局部受压破坏,确保结构安全,按式(3-12)计算的 γ 值不应超过规定的限值。

依据上述分析,当局部受压面积为 A_l,承受均匀压力 N_l 的作用时,砌体局部受压承载力按下式计算:

$$N_l \leqslant \gamma f A_l \tag{3-13}$$

二、梁端有效支承长度及上部荷载的影响

1. 梁端有效支承长度

式(3-13)为砌体截面中受局部均匀压力时的承载力计算，N_l 在截面上的作用范围即为局部受压面积 A_l。但对于梁（或屋架）端部支承处砌体（图 3-4），由于梁自身的弯曲变形和支承处砌体的压缩变形的共同作用，在支承面上梁端的一部分将有可能与砌体脱开，且局部压应力呈不均匀分布。此时的局部受压面积并不见得一定等于梁直接搁置在砌体上的面积，应按下式计算：

$$A_l = a_0 b \leqslant ab \qquad (3-14)$$

式中 a_0——梁端有效支承长度；
　　　b——梁的截面宽度；
　　　a——梁端实际支承长度。

根据梁端支承处砌体截面上的静力平衡、梁端变形与砌体变形协调条件以及试验结果，梁端有效支承长度可按下式计算：

$$a_0 = 38 \sqrt{\frac{N_l}{bf\tan\theta}} \qquad (3-15)$$

式中 N_l——梁端支承压力设计值(kN)；
　　　b——梁的截面宽度(mm)；
　　　f——砌体抗压强度设计值(MPa)；
　　　$\tan\theta$——梁变形时梁端轴线倾角的正切。

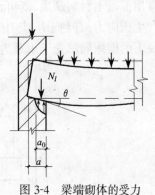

图 3-4　梁端砌体的受力

在工程设计上，规定采用更为简化的公式计算，即

$$a_0 = 10\sqrt{\frac{h_c}{f}} \leqslant a \qquad (3-16)$$

式中梁的截面高度 h_c 以"mm"计，f 以"MPa"计。

2．上部荷载对局部受压承载力的影响

在梁端支承处的砌体局部受压面积上，承受的荷载有本层楼盖梁端的支承压力 N_l 和由上层压力（N_u）产生于局部受压面积上的压力 N_0（图 3-5）。以水平截面面积为 A 的墙体为例，上层压应力为 $\sigma_0 = N_u/A$，由于砌体的内拱卸荷作用，该应力在局部受压面积上产生的压力 N_0（即 $\sigma_0 A_l$），并不一定全部传到 A_l 上，它将随 A_0/A_l 的增大而减小，即它对砌体局部受压承载力的影响随之减小，根据试验研究，取 ψN_0。

$$\psi = 1.5 - 0.5 \frac{A_0}{A_l} \qquad (3-17)$$

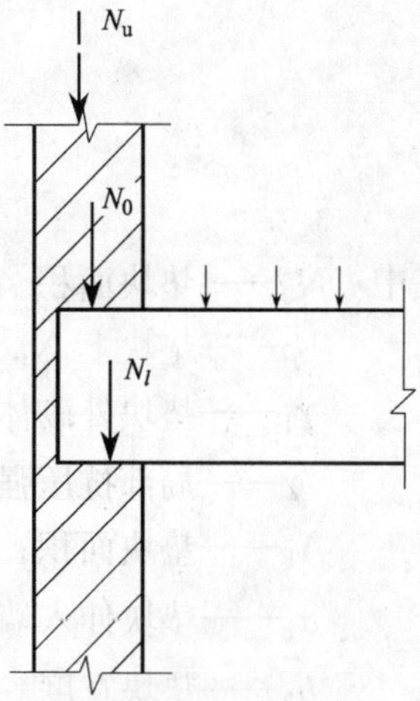

式中 ψ 称为上部荷载的折减系数，当 $A_0/A_l \geqslant 3$ 时，应取 $\psi=0$，意味着不考虑上部荷载对局部受压承载力的影响。

根据以上分析，梁端支承处砌体的局部受压承载力，按下式计算：

图 3-5　作用于梁端支承处砌体的压力

$$\psi N_0 + N_l \leqslant \eta \gamma f A_l \qquad (3-18)$$

式中 η 为梁端底面压应力图形的完整系数，可取 0.7。对于过梁和墙梁，梁端在局部受压面积内的弯曲变形很小，其压应力图形近似呈矩形分布，可取 $\eta=1.0$。

三、垫块与垫梁

对于梁端支承处的砌体局部受压,当其承载力不足时,在梁端设置钢筋混凝土垫块或垫梁是较为有效的方法。因为它改善了砌体局部受压性能,增大了局部受压面积,从而提高砌体局部受压承载能力。

1. 设置刚性垫块

当垫块的高度 $t_b \geqslant 180\mathrm{mm}$,且垫块挑出梁边的长度不大于垫块高度时,称为刚性垫块,常用混凝土材料制成,既可预制也可现浇。这种垫块不仅增大了局部受压面积,且垫块内只产生压应力,有利于压应力的传递。梁端下设有预制或现浇混凝土刚性垫块时(图3-6),垫块下的砌体局部受压承载力按下式计算:

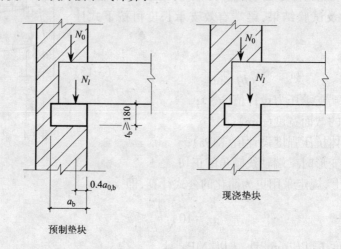

图 3-6 梁端设置的刚性垫块

$$N_0 + N_l \leqslant \varphi \gamma_1 f A_b \tag{3-19}$$

$$N_0 = \sigma_0 A_b \tag{3-20}$$

$$A_b = a_b b_b \tag{3-21}$$

式中 N_0——垫块面积 A_b 内上部轴向力设计值;

φ——垫块上 N_0 与 N_l 合力的影响系数;

γ_1——垫块外砌体面积的有利影响系数,取 $\gamma_1 = 0.8\gamma$,但不应小于1.0;

γ——局部抗压强度提高系数,按式(3-12)以 A_b 代替 A_l 计算;

A_b——垫块面积;

a_b——垫块伸入墙内的长度;

b_b——垫块宽度。

应当看到式(3-19)与式(3-18)的表达形式不同。别外,式(3-19)与一般偏心受压承载力的计算公式有些类似,但 φ 的确定方法有区别。垫块上 N_0 与 N_l 合力的影响系数为一般偏心受压情况下 $\beta \leqslant 3$ 时的承载力影响系数(即本章第一节中所述偏心影响系数)。

计算时还应注意到,式(3-19)中 N_0 作用于垫块截面重心,而梁端支承压力 N_l 作用于 $0.4a_{0,b}$(如图3-6所示)。$a_{0,b}$ 为垫块上表面的梁端有效支承长度,它和梁与砌体接触时的

a_0 不相等,即与式(3-16)有区别,按下式计算:

$$a_{0,b} = \delta_1 \sqrt{\frac{h_c}{f}} \tag{3-22}$$

式中 δ_1 为刚性垫块的影响系数,按表 3-2 确定(表中其间的数值,可采用插入法求得)。

影响系数 δ_1　　　　　　　表 3-2

σ_0/f	0	0.2	0.4	0.6	0.8
δ_1	5.4	5.7	6.0	6.9	7.8

2. 设置柔性垫梁

工程上往往在屋面或楼面大梁底沿墙长方向设置钢筋混凝土圈梁或连系梁,既加强了房屋的整体性,对梁端下砌体的局部受压也是有利的。这种长度很大的梁垫,在 N_l 作用下砌体的局部受压应力沿梁垫长度方向不均匀分布(图 3-7),产生一定的弯曲变形,与刚性垫块时的应力分布和受力不同,该梁垫称为柔性垫梁。正因为如此,其砌体的局部受压承载力与刚性垫块下砌体的局部受压承载力的计算公式不同。基于集中力 N_l 作用于半无限弹性地基上的内力及砌体局部抗压强度的分析,垫梁下砌体的局部受压承载力,按下式计算:

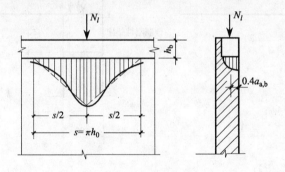

图 3-7 柔性垫梁下局部受压

$$N_0 + N_l \leqslant 2.4\delta_2 f b_b h_0 \tag{3-23}$$

$$N_0 = \frac{\pi b_b h_0 \sigma_0}{2} \tag{2-24}$$

$$h_0 = 2\sqrt[3]{\frac{E_h I_h}{Eh}} \tag{3-25}$$

式中　N_0——垫梁上部轴向力设计值;
　　　δ_2——垫梁底面压应力分布系数,当荷载沿墙厚方向均匀分布时 $\delta_2 = 1.0$,不均匀分布时 $\delta_2 = 0.8$;
　　　σ_0——上部平均压应力设计值;
　　　b_b——垫梁在墙厚方向的宽度;
　　　h_0——垫梁折算高度;
　　　E_h、I_h——分别为垫梁的混凝土弹性模量和截面惯性矩;
　　　E——砌体的弹性模量;
　　　h——墙厚。

式(3-23)的一个重要条件是垫梁的长度需大于 πh_0。工程上在梁底设置的圈梁或连系梁通常是满足这一规定的。当 N_l 偏心作用时,其位置为 $0.4a_{0,b}$,此时的 $a_{0,b}$ 可由式(3-22)计算。

【例题 3-3】 某房屋窗间墙,截面尺寸为 1600mm×190mm,采用烧结页岩多孔砖 MU10、水泥混合砂浆 M5 砌筑,施工质量控制等级为 B 级。墙上支承截面尺寸为200mm×550mm 的钢筋混凝土梁,梁端支承压力设计值 $N_l = 68.0$kN,上部荷载产生的轴向压力设计值 $N_u = 220.0$kN(图 3-8a)。试验算梁端支承处砌体的局部受压承载力,并使之满足要求。

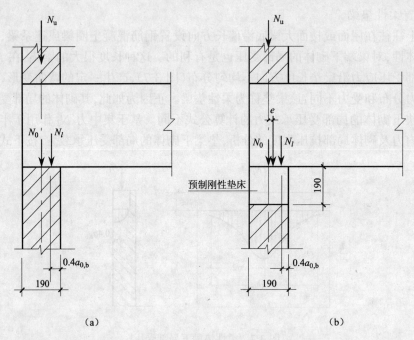

图 3-8 梁端砌体局部受压

【解】 梁端支承处砌体的局部受压处于非均匀局部受压状态,其承载力的计算较均匀局部受压的计算要复杂些,需要考虑上部荷载产生压力的影响,还要计算梁端有效支承长度。当局部受压承载力不足时,为增加局部受压面积,常在梁端设置混凝土刚性垫块,垫块既可预制也可与梁端整体现浇。还可根据工程的实际情况,利用墙体上设在梁端的圈梁作柔性垫梁。

1. 梁端支承处砌体局部受压承载力

这是指梁端直接搁置在墙砌体上的情况。

(1)砌体抗压强度

窗间墙截面面积 $A = 1.6 \times 0.19 = 0.304 \text{m}^2 > 0.3 \text{m}^2$,因而由 MU10 烧结页岩砖和 M5 水泥混合砂浆得 $f = 1.5$MPa。对于砌体局部受压,虽其局部受压面积 A_l 很小,但按规定不考虑小截面面积对砌体抗压强度的影响。

(2)上部压力的折减

用式(3-16)计算 a_0 时,应注意计量单位的规定,h_c 的单位为"mm",f 的单位为"MPa",

计算得 a_0 的单位为"mm"。得

$$a_0 = 10\sqrt{\frac{h_c}{f}} = 10\sqrt{\frac{550}{1.5}} = 191.5\text{mm} > 190\text{mm}(梁的搁置长度)$$

应取 $a_0 = 190$mm。

根据梁端底面在墙上的位置

$$A_0 = (b + 2h)h = (0.2 + 2 \times 0.19) \times 0.19 = 0.11\text{m}^2$$
$$A_l = a_0 b = 0.19 \times 0.2 = 0.038\text{m}^2$$

得 $\dfrac{A_0}{A_l} = \dfrac{0.11}{0.038} = 2.89 < 3.0$，应考虑上部压力的折减，取

$$\psi = 1.5 - 0.5\frac{A_0}{A_l} = 1.5 - 0.5 \times 2.89 = 0.055$$

(3)上部压力作用于局部受压面积上的轴向力

它是指由 N_u 产生于 A_l 上的压力（N_0），计算时不能误取 $N_0 = N_u$。为此，须先计算 N_u 在窗间墙截面上产生的平均压应力：

$$\sigma_0 = \frac{N_u}{A} = \frac{220.0 \times 10^3}{1600 \times 190} = 0.72\text{MPa}$$

从而得 N_u 作用于局部受压面积上的压力：

$$N_0 = \sigma_0 A_l = 0.72 \times 0.038 \times 10^3 = 27.36\text{MPa}$$

(4)验算局部受压承载力

由式(3-12)，

$$\gamma = 1 + 0.35\sqrt{\frac{A_0}{A_l} - 1} = 1 + 0.35\sqrt{2.89 - 1} = 1.48 < 1.5(对多孔砖砌体)$$

按式(3-18)

$$\psi N_0 + N_l = 0.055 \times 27.36 + 68.0 = 69.5\text{kN}，并取 \eta = 0.7，得$$
$$\eta\gamma f A_l = 0.7 \times 1.48 \times 1.5 \times 0.038 \times 10^3 = 59.0\text{kN} < 69.5\text{kN}$$

结果表明梁端砌体局部受压承载力不足。

2．在梁端设置垫块

为增大梁端支承处砌体的局部受压承载力，现在梁端下设置预制混凝土垫块（图3-8b），垫块尺寸为580mm×190mm×190mm，它自梁边算起的垫块挑出长度为(580−200)/2 = 190mm，未小于垫块高度，属刚性垫块。

(1)刚性垫块上表面的梁端有效支承长度

由 $\dfrac{\sigma_0}{f} = \dfrac{0.72}{1.5} = 0.48$，查表3-2得 $\delta_1 = 6.36$，代入式(3-22)

$$a_{0,b} = \delta_1\sqrt{\frac{h_c}{f}} = 6.36\sqrt{\frac{550}{1.5}} = 121.8\text{mm}$$

(2) N_0 与 N_l 合力的影响系数

垫块面积 $A_b = a_b b_b = 0.19 \times 0.58 = 0.11\text{m}^2$

垫块面积上由上部荷载 N_u 产生的轴向压力为：

$$N_0 = \sigma_0 A_b = 0.72 \times 0.11 \times 10^3 = 79.2\text{kN}$$

$$N_0 + N_l = 79.2 + 68.0 = 147.2 \text{kN}$$

因 N_0 作用于垫块截面的重心，N_l 距墙内边缘的距离为 $0.4a_{0,b}$，故 N_0 与 N_l 合力的偏心距为：

$$e = \frac{68.0\left(\frac{0.19}{2} - 0.4 \times 0.1218\right)}{147.2} = \frac{68.0 \times 0.046}{147.2} = 0.02 \text{m}$$

按 $\frac{e}{a_b} = \frac{0.02}{0.19} = 0.1$ 和墙体高厚比 $\beta \leq 3$ 计算 N_0 与 N_l 合力的影响系数，即采用式(3-3)得

$$\psi = \frac{1}{1 + 12\left(\frac{e}{a_b}\right)^2} = \frac{1}{1 + 12 \times 0.1^2} = 0.893$$

(3) 验算局部受压承载力

$$A_0 = (b + 2h)h = (0.58 + 2 \times 0.19) \times 0.19 = 0.1824 \text{m}^2$$

$$\frac{A_0}{A_b} = \frac{0.1824}{0.11} = 1.66$$

由式(3-12)，得

$$\gamma = 1 + 0.35\sqrt{\frac{A_0}{A_b} - 1} = 1 + 0.35\sqrt{1.66 - 1} = 1.28 < 1.5$$

$$\gamma_1 = 0.8\gamma = 0.8 \times 1.28 = 1.024 > 1.0$$

按式(3-19)，得

$$\psi\gamma_1 f A_b = 0.893 \times 1.024 \times 1.5 \times 0.11 \times 10^3 = 150.9 \text{kN} > N_0 + N_l = 147.2 \text{kN}$$

在梁端设置上述尺寸的预制混凝土刚性垫块，砌体的局部受压承载力满足要求。

如在梁端设置同样尺寸的现浇混凝土刚性垫块，砌体局部受压承载力的计算方法和计算结果与上述相同，其承载力亦满足要求。

3. 在梁端设置垫梁

若本房屋在楼面梁底沿墙通长设有钢筋混凝土圈梁，则也可利用该圈梁作为垫梁。

设垫梁截面尺寸为 $190\text{mm} \times 190\text{mm}$，采用 C20 混凝土（$E_b = 25.5 \text{kN/mm}^2$）。砌体弹性模量 $E = 1600f = 1600 \times 1.5 \times 10^{-3} = 2.4 \text{kN/mm}^2$。

由式(3-25)，得

$$h_0 = 2\sqrt[3]{\frac{E_h I_h}{Eh}} = 2\sqrt[3]{\frac{25.5 \times \frac{1}{12} \times 190 \times 190^3}{2.4 \times 190}} = 364.9 \text{mm}$$

因该垫梁沿墙长设置，其长度大于 $\pi h_0 = 1.146 \text{m}$，则由式(3-24)，得

$$N_0 = \frac{1}{2}\pi b_b h_0 \sigma_0 = \frac{1}{2}\pi \times 0.19 \times 0.3649 \times 0.72 \times 10^3 = 78.4 \text{kN}$$

按式(3-23)，$N_0 + N_l = 78.4 + 68.0 = 146.4 \text{kN}$，其压应力沿墙厚方向不均匀分布，取 $\delta_2 = 0.8$，得

$$2.4\delta_2 f b_b h_0 = 2.4 \times 0.8 \times 1.5 \times 0.19 \times 0.3649 \times 10^3 = 199.7 \text{kN} > N_0 + N_l = 146.4 \text{kN}$$

在梁端设置上述尺寸的垫梁后，砌体的局部受压承载力满足要求。

第三节 墙体受剪承载力

按照式(2-17)和式(2-18),墙体沿通缝或沿阶梯形截面破坏时的受剪承载力,按下式计算:

$$V \leqslant (f_{v0} + \alpha\mu\sigma_0)A \tag{3-26}$$

式中　V——截面剪力设计值;

　　　A——墙体水平截面面积,当墙体有洞口时,取净截面面积。

对于灌孔混凝土砌块墙体,只需将式(2-19)的f_{vg}代替式(3-26)中的f_{v0}便可。

【例题 3-4】 某混凝土砌块墙体,截面尺寸为 4800mm×190mm,采用混凝土小型空心砌块(孔洞率45%)、水泥混合砂浆 Mb7.5 砌筑,施工质量控制等级为 B 级。由恒荷载标准值产生于墙体水平截面上的平均压应力为 0.92MPa;作用于墙顶的水平剪力设计值,按可变荷载效应控制的组合为 440.0kN,按永久荷载效应控制的组合为 490.0kN。试验算该墙体的受剪承载力,并使其满足要求。

【解】 墙体的受剪承载力不仅与砌体抗剪强度(f_{v0})有关,还受到垂直压应力的影响,而垂直压应力的取值又与荷载效应组合相关联,这是在墙体受剪承载力计算中首先要注意的问题。此外,在设计计算上,为防止墙体产生斜压破坏,应控制墙体的轴压比不大于 0.8。对于混凝土小型空心砌块砌体,为增加其受剪承载力,采用灌孔混凝土形成灌孔砌块砌体是一种有效的方法,但灌孔混凝土强度等级、灌孔率等均应符合规定的要求。

1. 混凝土小型空心砌块墙体的受剪承载力

对于采用 MU10 的混凝土小型空心砌块和 Mb7.5 水泥混合砂浆砌筑的墙体,其 $f_{v0}=0.08$MPa,$f=2.5$MPa。

按式(2-3)的要求,墙体的受剪承载力应分别采用式(2-5)和式(2-7)的取值进行计算。

(1)当 $\gamma_G=1.2$ 时

$$\sigma_0 = 1.2 \times 0.92 = 1.10\text{MPa}$$

$$\frac{\sigma_0}{f} = \frac{1.10}{2.50} = 0.44 < 0.8$$

由式(2-18a),

$$\mu = 0.26 - 0.082\frac{\sigma_0}{f} = 0.26 - 0.082 \times 0.44 = 0.224\text{MPa}$$

$$\alpha\mu = 0.64 \times 0.224 = 0.14$$

按式(3-26),

$$(f_{v0} + \alpha\mu\sigma_0)A = (0.08 + 0.14 \times 1.10) \times 4800 \times 190 \times 10^{-3}$$

$$= 213.4\text{kN} < 440.0\text{kN}$$

(2)当 $\gamma_G=1.35$ 时

$$\sigma_0 = 1.35 \times 0.92 = 1.24\text{MPa}$$

$$\frac{\sigma_0}{f} = \frac{1.24}{2.50} = 0.50 < 0.8$$

由式(2-18b),得

$$\mu = 0.23 - 0.065 \frac{\sigma_0}{f} = 0.23 - 0.065 \times 0.50 = 0.20$$

$$\alpha\mu = 0.66 \times 0.20 = 0.13$$

按式(3-26),得

$$(f_{v0} + \alpha\mu\sigma_0)A = (0.08 + 0.13 \times 1.24) \times 4800 \times 190 \times 10^{-3}$$
$$= 220.0 \text{kN} < 490.0 \text{kN}$$

上述计算结果表明,在两种荷载效应组合下,该混凝土空心砌块墙体的受剪承载力均不满足要求。

2. 灌孔混凝土砌块墙体的受剪承载力

采用灌孔砌体可提高墙体的受剪承载力,此时砌块和砌筑砂浆以及灌孔混凝土的强度等级、灌孔率等应符合【例题 2-2】中所述的控制条件。现选用 Cb20 灌孔混凝土(f_c = 9.6MPa),灌孔率为 33%),这是适宜的,若采用 Cb15 灌孔混凝土,或 25% 的灌孔率,则均不符合要求。

由式(2-13)和式(2-14),

$$f_g = f + 0.6\alpha f_c = 2.50 + 0.6 \times 0.45 \times 0.33 \times 9.6 = 3.35 \text{MPa} < 2f。$$

按式(2-19),得

$$f_{vg} = 0.2 f_g^{0.55} = 0.2 \times 3.35^{0.55} = 0.39 \text{MPa}$$

(1)当 $\gamma_G = 1.2$ 时

$$\frac{\sigma_0}{f_g} = \frac{1.10}{3.35} = 0.33 < 0.8$$

同上所述,取

$$\mu = 0.26 - 0.082 \times 0.33 = 0.23$$

$$\alpha\mu = 0.64 \times 0.23 = 0.15$$

按式(3-26),得

$$(f_{vg} + \alpha\mu\sigma_0)A = (0.39 + 0.15 \times 1.10) \times 4800 \times 190 \times 10^{-3}$$
$$= 506.2 \text{kN} > 440.0 \text{kN}$$

(2)当 $\gamma_G = 1.35$ 时

$$\frac{\sigma_0}{f_g} = \frac{1.24}{3.35} = 0.37 < 0.8$$

同上所述,取

$$\mu = 0.23 - 0.065 \times 0.37 = 0.21$$

$$\alpha\mu = 0.66 \times 0.21 = 0.14$$

按式(3-26),得

$$(f_{vg} + \alpha\mu\sigma_0)A = (0.39 + 0.14 \times 1.24) \times 4800 \times 190 \times 10^{-3}$$
$$= 514.0 > 490.0 \text{kN}$$

上述计算结果表明,在两种荷载效应组合下,该灌孔混凝土砌块墙体的受剪承载力均满足要求。

思考题和习题

思考题 3-1 试分析无筋砌体受压构件承载力计算中系数 φ 的影响因素。

思考题 3-2 无筋砌体受压构件轴向力的偏心距有无限值,为什么?

思考题 3-3 为什么说式(3-1)是无筋砌体墙、柱受压承载力计算的基本公式?

思考题 3-4 砌体局部受压的基本特征有哪些?

思考题 3-5 式(3-12)受到哪些因素的制约?

思考题 3-6 某楼面梁端搁置在墙上的长度为 a,梁的截面宽度为 b,砌体的局部受压面积 $A_l = ab$ 是否正确,为什么?

思考题 3-7 试归纳式(3-13)与式(3-18)的主要异同点?

思考题 3-8 为提高砌体局部受压承载力,可采取哪些有效方法?

思考题 3-9 房屋中墙体的受剪承载力为何与荷载效应组合有关?

思考题 3-10 采用哪些方法可提高墙体的受剪承载力?

习题 3-1 某砖柱,采用烧结页岩砖 MU10、水泥混合砂浆 M5 砌筑,截面尺寸为 490mm×620mm,柱计算高度为 5.6m,施工质量控制等级为 B 级。承受轴向压力为 250.0kN,沿截面长边方向产生的偏心距为 180mm。试核算该柱的受压承载力。

习题 3-2 某带壁柱墙,采用烧结普通砖 MU10、水泥砂浆 M5 砌筑,施工质量控制等级为 B 级。墙的计算高度为 3.6m。试计算轴向压力作用于截面重心(O 点)及 A、B 点时(图 3-9)的承载力,并说明轴向压力作用于翼缘或肋部时,在相对偏心率相等的条件下,对承载力有无影响?

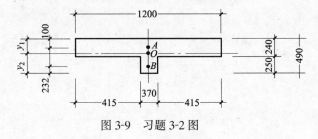

图 3-9 习题 3-2 图

习题 3-3 某房屋的窗间墙,采用混凝土小型空心砌块 MU10、水泥混合砂浆 Mb5 砌筑,墙截面尺寸为 1200mm×190mm,施工质量控制等级为 B 级。墙上支承截面尺寸为 250mm×600mm 的钢筋混凝土楼面梁,荷载设计值产生于梁端的支承压力 $N_l = 70.0$kN,上部传来的轴向压力设计值 $N_u = 150.0$kN。试核算梁端支承处砌体的局部受压承载力,并说明应采取的构造措施。

习题 3-4 某房屋中墙体,采用混凝土小型空心砌块 MU10(砌块孔洞率 45%)、水泥混合砂浆 Mb5 砌筑,截面尺寸为 5600mm×190mm,施工质量控制等级为 B 级。由恒荷载标准值产生于墙体水平截面上的平均压应力为 0.5MPa。试计算下列情况下墙体的受剪承载力,并说明灌孔后对墙体受剪承载力有何显著影响?

A. 混凝土空心砌块墙体

B. 采用 Cb20 灌孔混凝土、灌孔率为 50% 的砌块墙体

习题参考答案

习题 3-1 平面内,$[N] = 159.5$kN < 250.0kN,平面外,$[N] = 405.6$kN > 250.0kN。该柱受压承载力不符合要求。

习题 3-2 因采用水泥砂浆,$f = 1.35$MPa。轴向压力作用于 O 点时 $[N] = 468.1$kN,作用于 A 点时 $[N] = 272.6$kN,作用于 B 点时 $[N] = 272.6$kN。

习题 3-3 对于未灌孔的混凝土空心砌块砌体,$\gamma = 1.0$,$[\eta \gamma f A_l] = 61.6$kN $< \psi N_0 + N_l = 72.8$kN,砌体局部受压承载力不满足要求。

当梁下未设钢筋混凝土圈梁或混凝土垫块时,梁的支承面下,高度不小于 600mm 和长度不小于

600mm 的砌体,应采用不低于 Cb20 的灌孔混凝土将孔洞灌实,此时 $\gamma = 1.47$,$[\eta\gamma f A_l] = 90.6\text{kN} > \phi N_0 + N_l = 72.8\text{kN}$,砌体局部受压承载力满足要求。

习题 3-4 情况 A,在 $\gamma_G = 1.2$ 时,$[(f_{v0} + \alpha\mu\sigma_0)A] = 162.1\text{kN}$;在 $\gamma_G = 1.35$ 时,$[(f_{v0} + \alpha\mu\sigma_0)A] = 164.4\text{kN}$。

情况 B,在 $\gamma_G = 1.2$ 时,$[(f_{v0} + \alpha\mu\sigma_0)A] = 527.7\text{kN}$;在 $\gamma_G = 1.35$ 时,$[(f_{v0} + \alpha\mu\sigma_0)A] = 526.1\text{kN}$。

第四章 房屋墙体设计计算

【重点与难点】 混合结构房屋中墙体的设计计算,包括墙、柱的布置、内力分析、承载力的计算,以及应采取的构造措施。学习的重点在于正确确定墙、柱的计算简图,掌握墙、柱高厚比验算和受压承载力的计算方法。合理选择结构体系,墙、柱布置得当,并确保墙、柱薄弱部位安全而可靠的工作是学习中的难点。

【学习方法】 房屋墙体的设计不仅是墙、柱承载力的计算,还应重视结构选型、墙体布置以及构造措施的影响。为此进行综合分析是很重要的,还应在工程设计中不断总结经验。

第一节 墙体内力分析方法

一、结构布置与体系

砌体材料在房屋中的应用,主要是作竖向布置的墙、柱,以承受轴向压力和水平剪力。这种房屋中的楼、屋盖采用钢筋混凝土结构或木结构(大多采用钢筋混凝土结构),它们组成的结构体系通常称为混合结构。对于一般住宅、办公楼、医院及旅馆等房屋,砌体墙、柱的布置常常由使用要求决定,较为规则,楼面梁、板的跨度也较小。混合结构房屋的造价较为低廉,尤其在上述多层建筑中应用广泛。

按照荷载传递路径及结构形式的不同,混合结构房屋的结构布置有横墙承重体系、纵墙承重体系、纵横墙承重体系,以及底层框架或内框架承重体系。在多层房屋中基本上采用纵横墙承重体系。如果一部分墙、柱采用钢筋混凝土,则形成底部框架承重体系房屋或内框架承重体系房屋。房屋底层或底部数层(在抗震设防地区底部为两层)采用钢筋混凝土框架(在抗震设防地区采用钢筋混凝土框架-抗震墙)、上部几层为砌体墙承重的多层房屋,简称为底部框架房屋。房屋内部采用单排柱或多排柱的钢筋混凝土框架(在抗震设防地区宜选择多排柱结构)、外部采用砌体墙、柱承重的多层房屋,简称为内框架房屋。当房屋的底层要求有较大空间,如底层为商场而上部为住宅的商住楼可采用底部框架的承重体系。当房屋中部要求有较大空间,可采用内框架的承重体系。

二、房屋静力计算方案

1. 空间工作性能影响系数

在竖向荷载与水平荷载作用下,混合结构房屋的屋盖、楼盖和墙、柱及基础构成一个空间受力体系。这种房屋中楼、屋盖的水平位移符合剪切变形假定,根据理论分析和试验研究,该房屋的空间工作性能的强弱可以房屋的空间性能影响系数 η(又称为考虑空间工作后的侧移折减系数)来度量,即

$$\eta = \frac{u_\mathrm{s}}{u_\mathrm{p}} = \frac{1}{1 - \mathrm{Ch}ks} \tag{4-1}$$

式中 u_s——房屋在空间作用下柱顶的水平位移；

u_p——房屋不考虑空间作用时(按平面排架)柱顶的水平位移；

k——屋盖或楼盖体系的弹性特征值；

s——横墙间距。

影响房屋空间工作性能的因素较多，如屋盖与楼盖的类型、横墙的刚度与间距、房屋的跨度、排架刚度和纵墙刚度等。式(4-1)中，k 系综合考虑排架刚度、纵墙以及屋(楼)盖系统的综合剪切刚度等因素的影响，s 是横墙间距的影响。在设计计算中，较为简便的以其主要因素，即屋盖或楼盖类别和横墙间距来确定房屋各层的空间性能影响系数 η_i（i 为 $1\sim n$，n 为房屋的层数）。至于横墙刚度的影响，则是通过对横墙净截面面积率、横墙厚度以及横墙长度等作出规定来加以保证。具体要求如下：

(1) 横墙洞口的水平截面面积，不应越过横墙截面面积的 50%。

(2) 横墙的厚度不宜小于 180mm。

(3) 单层房屋的横墙长度不宜小于其高度，多层房屋的横墙长度不宜小于横墙总高度的 1/2。

(4) 对于不能同时满足上述规定的横墙，包括一段横墙或其他结构构件(如框架等)，则要求

$$u_{\max} \leq \frac{H}{4000} \tag{4-2}$$

式中 $u_{\max}$——横墙最大水平位移；

H——横墙总高度。

2. 墙、柱静力计算简图

由屋盖或楼盖类别和横墙间距可知房屋静力计算分为三种方案，即刚性方案、刚弹性方案和弹性方案房屋。

(1) 刚性方案

当 η_i 小于 $0.33\sim0.37$ 时，房屋的空间工作能力强，称为刚性方案。即在荷载作用下，房屋的水平位移很小，可以忽略不计，墙(柱)的内力按屋架、大梁与墙(柱)为不动铰支承的竖向构件计算。

(2) 弹性方案

当 η_i 大于 $0.77\sim0.81$ 时，房屋的空间工作能力弱，称为弹性方案。即在荷载作用下，房屋的水平位移较大，不能忽略不计，墙(柱)的内力按屋架、大梁与墙(柱)为铰接的不考虑空间工作的平面排架或框架计算。

(3) 刚弹性方案

当 η_i 介于上述二者之间时，称为刚弹性方案，按屋架、大梁与墙(柱)为铰接的考虑空间工作的平面排架或框架计算。

现以单层房屋为例，上述三种方案下墙、柱的静力计算简图如图 4-1 所示。

在设计中，当确定了房屋的静力计算方案后，也就决定了墙、柱在静力计算时的计算简图，从而可计算墙、柱截面的内力，进行承载力验算，并采取相应的构造措施。

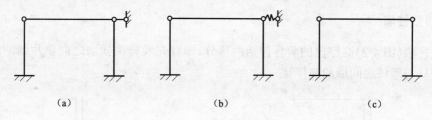

图 4-1 静力计算简图
(a)刚性方案;(b)刚弹性方案;(c)弹性方案

第二节 墙、柱高厚比验算

墙、柱计算高度 H_0 与墙厚或矩形柱截面较小边长(h)之比 $β$，称为墙、柱高厚比。墙、柱在承载力计算之前应验算其高厚比，使之不超过规定值，即不大于允许高厚比。这是保证砌体墙、柱在施工阶段的稳定性和满足正常使用极限状态要求而采取的一项重要构造措施。也就是说验算高厚比是使墙、柱在施工或偶然情况下(如偶然的撞击、振动)有良好的稳定性，在使用荷载作用下墙、柱不产生过大变形而采取的设计手段之一。

为了保证墙、柱高厚比符合要求，不但要熟悉其验算方法，还特别要注意结构方案、墙柱的布置、砌体材料及其截面尺寸的选择，这是较为关键的，在学习中这一点往往易被忽视。

对于房屋中的墙、柱，其高厚比验算可分为下列三种情况，逐一熟悉才不难解决工程设计上的问题。

一、矩形截面墙、柱

一般矩形截面墙、柱高厚比，按下列公式验算：

$$β = \frac{H_0}{h} \leqslant μ_1 μ_2 [β] \tag{4-3}$$

$$μ_2 = 1 - 0.4 \frac{b_s}{s} \tag{4-4}$$

式中 H_0——墙、柱的计算高度；

h——墙厚或矩形柱与 H_0 相对应的边长；

$μ_1$——自承重墙允许高厚比的修正系数；

$μ_2$——有门窗洞口墙允许高厚比的修正系数，当 $μ_2$ 小于 0.7 时应取 0.7；当洞口高度等于或小于墙高的 1/5 时，可取 $μ_2 = 1.0$；

b_s——在宽度 s 范围内的门窗洞口总宽度；

s——相邻横墙或壁柱之间的距离；

$[β]$——墙、柱的允许高厚比。

可以看出，影响高厚比的因素主要有：房屋静力计算方案，以墙、柱计算高度 H_0 来反映；墙、柱最小截面尺寸；允许高厚比，它主要来自工程实践经验的总结，按墙或柱及其砌筑的砂浆强度等级而取值；墙体是否承重，对自承重墙体，其允许高厚比有适当提高，以 $μ_1$ 表示；墙体是否开洞，有洞口墙体的稳定性降低，以 $μ_2$ 表示。

二、带壁柱墙

带壁柱墙(图4-2)高厚比的验算包括两部分,即首先验算两横墙之间整片墙的高厚比,再验算壁柱与壁柱之间墙的高厚比。

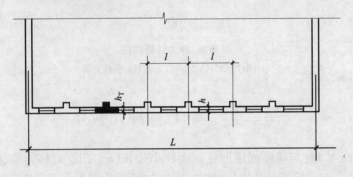

图4-2 带壁柱墙

1. 两横墙之间的整片墙

两横墙之间整片墙的高厚比按下式验算:

$$\beta = \frac{H_0}{h_T} \leqslant \mu_1 \mu_2 [\beta] \tag{4-5}$$

该式与式(4-3)的不同之处在于,以带壁柱墙截面的折算厚度 h_T 代替 h, $h_T = 3.5i$。此外,应注意在确定带壁柱墙的计算高度 H_0 时,墙长 s 为相邻横墙间的距离,即 $s = L$。

2. 壁柱之间的墙

为保证带壁柱墙的局部稳定,还应按墙厚 h 验算壁柱间墙的高厚比,即按式(4-3)验算。但其不同之处在于以壁柱作为支承,墙长为壁柱间的距离,即 $s = l$,且均按刚性方案确定 H_0。

若壁柱间墙的高厚比不满足要求,除采取通常的措施外,还可在墙体上设置钢筋混凝土圈梁。如圈梁宽度为 b,当 $b/l \geqslant 1/30$(b/l 为水平方向圈梁的跨高比),该圈梁可视作壁柱间墙的不动铰支点,墙的计算高度 H_0 大为减少,为圈梁之间的竖向距离(图4-3)。如不允许增加圈梁宽度,可按墙平面外等刚度原则增加圈梁高度。

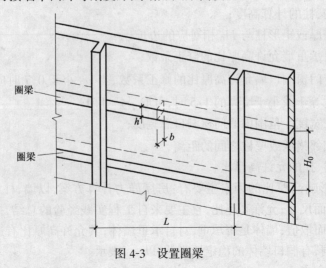

图4-3 设置圈梁

三、带构造柱墙

带构造柱墙(图 4-4)与带壁柱墙高厚比的验算项目和方法基本相同。由于钢筋混凝土构造柱增大了墙体的刚度和稳定性,验算时将允许高厚比提高。

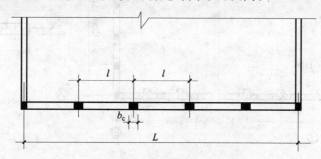

图 4-4 带构造柱墙

1. 两横墙之间的整片墙

当构造柱截面宽度不小于墙厚时,两横墙之间整片墙的高厚比按下式验算:

$$\beta = \frac{H_0}{h} \leqslant \mu_1 \mu_2 \mu_c [\beta] \tag{4-6}$$

$$\mu_c = 1 + \gamma \frac{b_c}{l} \tag{4-7}$$

式中 μ_c——带构造柱墙允许高厚比提高系数;
γ——按不同材料砌体而采取的系数;
b_c——构造柱沿墙长方向的宽度;
l——构造柱的间距。

当 $b_c/l > 0.25$ 时取 $b_c/l = 0.25$,当 $b_c/l < 0.05$ 时取 $b_c/l = 0$。以 $b_c = 0.24$m 的砖墙为例,当 $l \leqslant 1.0$m 时,规定了构造柱对墙体允许高厚比提高的最大限值,取 $\mu_c = 1 + 1.5 \times 0.25 = 1.375$。当 $l \geqslant 4.8$m,即构造柱间距过大时,构造柱对提高墙体刚度和稳定性的作用很小,予以忽略。带构造柱墙的施工顺序为先砌墙后浇混凝土构造柱,在验算其施工阶段的高厚比时,不考虑构造柱的有利作用,取 $\gamma_c = 1.0$。

2. 构造柱之间的墙

构造柱间墙的高厚比验算方法与上述壁柱间墙的相同。

【例题 4-1】 某单层单跨房屋(图 4-5),采用装配式有檩体系钢筋混凝土屋盖,长度 48.0m,跨度 15.0m,墙高 4.2m;墙体由烧结多孔砖 MU10、水泥混合砂浆 M5 砌筑,施工质量控制等级为 B 级;纵墙带壁柱,壁柱间距 4.0m;山墙为设有混凝土构造柱组合墙,构造柱间距 3.0m,截面尺寸 240mm×240mm。试验算墙体的高厚比。

【解】 对于带壁柱墙和带构造柱墙,应进行横墙之间整片墙和壁柱之间墙的高厚比验算,使它们均满足规定要求。

本房屋的屋盖类别为 2 类,两山墙(横墙)之间的距离 $s = 48.0$m,20.0m $< s$ 且不大于 48.0m,属刚弹性方案。

1. A 轴、B 轴墙(纵墙)高厚比验算

该墙为带壁柱墙,应按下列两项进行高厚比验算:

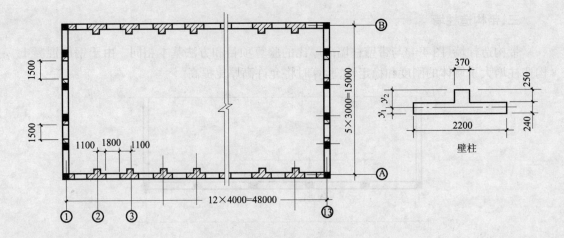

图 4-5 墙体平面图

(1)自 1 轴至 13 轴的整片 A 轴、B 轴墙

对于单跨刚弹性方案房屋,墙体计算高度 $H_0 = 1.2H = 1.2 \times 4.2 = 5.04$m。

该墙为带壁柱墙,计算单元的截面面积 $A = 2200 \times 240 + 370 \times 250 = 6.205 \times 10^5 \text{mm}^2$

截面重心位置

$$y_1 = \frac{2200 \times 240 \times 120 + 370 \times 250 \times 365}{620500} = 156.5 \text{mm}$$

$$y_2 = 490 - 156.5 = 333.5 \text{mm}$$

截面惯性矩

$$I = \frac{1}{3}[370 \times 333.5^3 + 2200 \times 156.5^3 + (2200 - 370)(240 - 156.5)^3]$$

$$= 7.74 \times 10^9 \text{mm}^4$$

截面回转半径

$$i = \sqrt{\frac{I}{A}} = \sqrt{\frac{7.74 \times 10^9}{6.205 \times 10^5}} = 111.69 \text{mm}$$

截面折算厚度

$$h_T = 3.5i = 3.5 \times 111.69 = 390.9 \text{mm}$$

整片墙的高厚比 $\beta = \dfrac{H_0}{h_T} = \dfrac{5040}{390.9} = 12.9$

墙上有窗洞,$\mu_2 = 1 - 0.4 \dfrac{b_s}{s} = 1 - 0.4 \dfrac{1.8}{4.0} = 0.82 > 0.7$

按式(4-5),$\mu_2[\beta] = 0.82 \times 24 = 19.7 > 12.9$

A 轴和 B 轴整片墙的高厚比符合要求。

(2)壁柱间墙

对于壁柱间墙(如图 4-5 中 2 轴至 3 轴间的墙),验算时,不论该房屋属何种静力计算方案,墙的计算高度均按刚性方案考虑。现墙厚 $h = 240$mm,墙长 $s = 4.0$m。按刚性方案且因 $s < H$,得壁柱间墙的计算高度 $H_0 = 0.6s = 0.6 \times 4.0 = 2.4$m。

按式(4-3)，$\beta = \dfrac{H_0}{h} = \dfrac{2.4}{0.24} = 10.0 < 19.7$。

A 轴和 B 轴壁柱间墙的高厚比符合要求。

2. 1 轴、13 轴墙(横墙)高厚比验算

该墙为带构造柱墙，应按下列两项进行高厚比验算。

(1)自 A 轴至 B 轴的整片 1 轴、13 轴墙

同理，整片墙的计算高度 $H_0 = 1.2H = 5.04\text{m}$。

由式(4-7)，$\dfrac{b_c}{l} = \dfrac{0.24}{3.0} = 0.08 > 0.05$，对于砖砌体 $\gamma = 1.5$，$\mu_c = 1 + \gamma \dfrac{b_c}{l} = 1 + 1.5 \times 0.08 = 1.12$。

由式(4-4)，$\mu_2 = 1 - 0.4 \dfrac{b_s}{s} = 1 - 0.4 \dfrac{1.5}{3.0} = 0.8 > 0.7$

按式(4-6)，得

$$\beta = \dfrac{H_0}{h} = \dfrac{5.04}{0.24} = 21.0 < \mu_2 \mu_c [\beta] = 0.8 \times 1.12 \times 24 = 21.5。$$

1 轴和 13 轴整片横墙的高厚比符合要求。

(2)构造柱间墙

同理，构造柱间墙的计算高度 $H_0 = 0.6s = 0.6 \times 3.0 = 1.8\text{m}$。

按式(4-3)，$\beta = \dfrac{H_0}{h} = \dfrac{1.8}{0.24} = 7.5 < \mu_2 [\beta] = 0.8 \times 24 = 19.2$。

1 轴、13 轴构造柱间墙的高厚比符合要求。

第三节 刚性方案房屋墙、柱计算

一、基本假定

对于刚性方案房屋墙、柱的承载力计算，最为基础的是熟悉下述三条假定：

(1)在荷载作用下，单层房屋的墙、柱可视作上端为不动铰支承于屋盖、下端嵌固于基础的竖向构件(图 4-6)。一般情况下，墙、柱高度自屋架或梁支承处算至基础顶面。

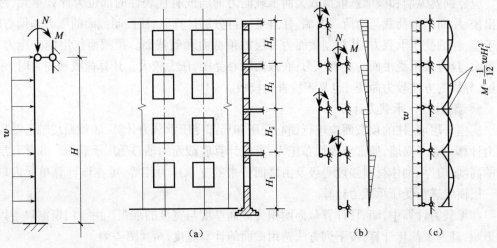

图 4-6 单层刚性方案房屋墙、柱计算简图

图 4-7 多层刚性方案房屋墙、柱计算简图

(2)在竖向荷载作用下,多层房屋的墙、柱(图4-7a)在每层高度范围内,可视作两端铰支的竖向构件(图4-7b),墙、柱高度自楼板顶面算至下端支点的距离,即在房屋底层,一般情况下为楼板顶面至基础顶面,在房屋其他层次取底高。在水平荷载作用下,墙、柱可视作竖向连续梁(图4-7c),所产生的弯矩可近似取,$M = \frac{1}{12}WH^2$。

(3)应考虑竖向压力对墙、柱的偏心作用,在每层墙、柱的顶面由上面楼层传来的压力N_u,可视为作用于相邻上一楼层墙、柱的截面重心处,本层楼盖传来的梁端支承压力N_l至墙内边缘的距离为$0.4a_0$(图4-8)。每层墙、柱的弯矩按三角形分布,底端弯矩为零(图4-7b)。

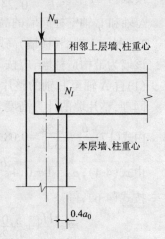

图4-8 竖向压力作用位置

二、承载力计算步骤

刚性方案房屋墙、柱的承载力,可按下列主要步骤进行计算:

1. 初步选择墙体材料和截面尺寸

通常可采用建筑设计图中的墙、柱截面尺寸。如该尺寸不合理,应做必要的修改。

在选择砌体材料时,要符合材料最低强度等级的规定,且在同一层内采用同一种类的块体与强度等级和同一种类的砂浆与强度等级。

2. 确定房屋的静力计算方案

按楼、屋盖类别和横墙最大间距(该横墙必须符合本章第一节之二中规定的要求),由此选定墙、柱的计算简图。

3. 验算墙、柱高厚比

设计时并不需要验算房屋中每层、每道墙柱的高厚比,而是视房屋中墙和柱的高度、截面尺寸、洞口和砂浆强度等级,选取最不利部位的墙、柱进行高厚比验算。

4. 选择计算单元并进行荷载和内力计算

应分别就纵墙和横墙选取荷载大而承载能力薄弱或有代表性的部位为计算单元,然后算出楼、屋面的恒荷载与活荷载及墙、柱自重。再分层计算墙、柱控制截面的压力和偏心距。对于墙、柱的受压承载力,其控制截面为每层的顶截面和底截面。顶截面作用偏心压力,弯矩最大,且直接承受楼面的支承压力;底截面轴心受压,压力较大。计算荷载和内力时,采用分层、分块的方法较为简便,也易于检查与校核。

5. 墙、柱受压承载力计算

房屋每层墙、柱的顶截面应进行偏心受压和局部受压承载力计算,底截面按轴心受压承载力计算。对于横墙,通常承受均布压力,可只计算底截面的轴心受压承载力。如某几层横墙的高度、墙厚、砌体材料强度等级及由楼面传来的支承压力相等,可在该计算单元内取最下一层横墙进行受压承载力计算。

在承载力计算中,墙、柱计算截面面积为截面厚度与宽度的乘积。由于门窗洞口等因素的影响,且为了简化计算,按下列方法选用截面的计算宽度(b_f)(图4-9)。

(1)对于多层房屋,当有门窗洞口时,取窗间墙的宽度(图4-9a);无门窗洞口时,取相邻壁柱间的距离。

(2)对于单层房屋,取壁柱宽加 2/3 墙高,但不大于窗间墙宽度和相邻壁柱间的距离(图4-9b、c)。

(3)计算带壁柱墙的条形基础时,取相邻壁柱间的距离(如图 4-9 中 Ⅱ-Ⅱ、Ⅲ-Ⅲ、Ⅴ-Ⅴ 截面)。

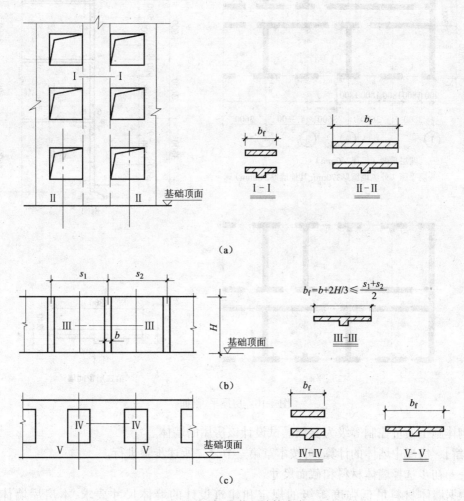

图 4-9 墙、柱截面计算宽度

【例题 4-2】 某四层教学试验楼,平、剖面如图 4-10 所示。已知荷载数据如下:

屋面恒荷载标准值	5.1kN/m²
不上人屋面的活荷载标准值	0.7kN/m²
楼面恒荷载标准值	3.1kN/m²
楼面活荷载标准值	2.5kN/m²
240mm 厚墙体(两面粉刷)自重标准值(按墙面计)	5.24kN/m²
370mm 厚墙体(两面粉刷)自重标准值(按墙面计)	7.71kN/m²
塑框玻璃窗自重标准值(按墙面计)	0.4kN/m²

注:本房屋的基本风压为 0.35kN/m²,且房屋层高小于 4.0m,房屋总高小于 28.0m,计算时不考虑风荷载的影响。

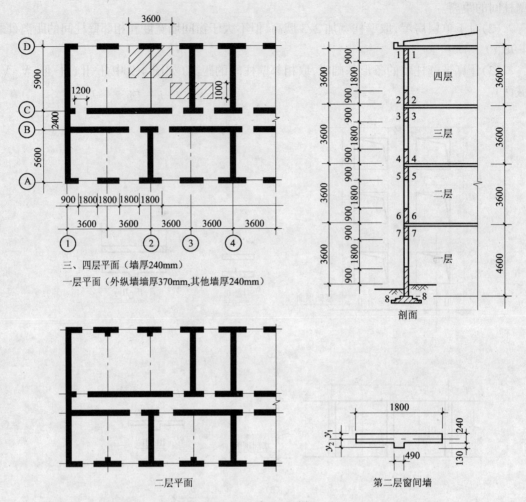

图 4-10 房屋平、剖面

砌体施工质量控制等级为 B 级。试设计该房屋的墙体。

【解】 房屋中墙体的计算,可按本章第三节之二所述步骤进行。

(一)初步选择墙体材料和截面尺寸

根据墙体材料最低强度等级的规定和建筑设计的墙体尺寸要求,本房屋墙体采用 MU10 烧结页岩粉煤灰砖、M5.0 和 M2.5 的水泥混合砂浆,具体如表 4-1 所示。

墙体材料最低强度等级的规定   表 4-1

层 数	砖强度等级	砂浆强度等级	窗间墙截面尺寸(mm)	砌体抗压强度(MPa)
第四层	MU10	M2.5	1800×240	1.30
第三层	MU10	M5.0	1800×240	1.50
第二层	MU10	M5.0	1800×240,壁柱 490×130	1.50
第一层	MU10	M5.0	1800×370	1.50

注:内纵墙和横墙厚均为 240mm。

(二)确定静力计算方案

本房屋的屋盖和楼盖采用现浇钢筋混凝土,属第 1 类屋盖和楼盖;横墙的最大间距为

10.8m,且房屋中的横墙刚度符合要求,本房屋属刚性方案。在竖向荷载作用下,墙体采用图4-7(b)所示的计算简图。

如遇房屋中各层楼盖的类别下同,或横墙的最大间距不相等时,则由该层的楼盖类别和横墙最大间距分别确定房屋的静力计算方案。

(三)验算墙体高厚比

墙体高厚比主要受墙的计算高度、墙厚、砂浆强度等级以及墙体洞口等因素的影响。一般情况下,房屋顶层墙、柱的砂浆强度等级低,有的横墙间距还较大,而底层墙、柱的砂浆强度等级高,墙厚大,但墙、柱高度大,有的横墙间距亦较大。表明各层墙、柱的高厚比有较大差别,不能以为顶层墙、柱的砂浆强度低,其允许高厚比最小,只验算顶层墙、柱的高厚比便可以了。设计时应对整幢房屋的墙、柱按上述影响因素进行综合分析,选取最不利部位的墙、柱作高厚比验算才是可靠的。

本房屋中墙体高厚比,分别按外纵墙、内纵墙和横墙进行验算。

1. 外纵墙

第一层墙的砂浆强度等级为M5,高厚比 $\beta = H_0/h = 4.6/0.37 = 12.4$。

第四层墙的砂浆强度等级为M2.5,$\beta = 3.6/0.24 = 15$。

第二层窗间墙为T形截面,截面几何特征及墙体高厚比为:

$$A = 1800 \times 240 + 130 \times 490 = 495700 \text{mm}^2$$

$$y_1 = \frac{(1800-490) \times 240 \times 120 + 370 \times 490 \times \frac{370}{2}}{495700} = 143.8 \text{mm}$$

$$y_2 = 370 - 143.8 = 226.2 \text{mm}$$

$$I = \frac{1}{3}[490 \times 226.2^3 + 1800 \times 143.8^3 - (1800-490)(143.8-240)^3]$$

$$= \frac{1}{3}(5.67 + 5.35 + 1.17) \times 10^9 = 4.06 \times 10^9 \text{mm}^4$$

$$i = \sqrt{\frac{I}{A}} = \sqrt{\frac{4.06 \times 10^9}{495700}} = 90.5 \text{mm}$$

$$h_T = 3.5i = 3.5 \times 90.5 = 316.7 \text{mm}$$

$$\beta = \frac{H_0}{h_T} = \frac{3.6}{0.3167} = 11.4$$

上述计算结果表明,第四层窗间墙的高厚比最不利,应以其验算。

对于用M2.5砂浆砌筑的墙,$[\beta] = 22$。

取D轴横墙间距最大的一段外纵墙,$H = 3.6$m,$s = 10.8$m $> 2H = 2 \times 3.6 = 7.2$m,得 $H_0 = 1.0H = 3.6$m。由式(4-4),有窗洞墙允许高厚比的修正系数,

$$\mu_2 = 1 - 0.4 \frac{b_s}{s} = 1 - 0.4 \frac{1.8}{3.6} = 0.8 > 0.7$$

按式(4-3),得

$$\beta = \frac{H_0}{h} = \frac{3.6}{0.24} = 15 < \mu_2[\beta] = 0.8 \times 22 = 17.6,\text{符合要求}。$$

2. 内纵墙

C轴上横墙间距最大的一段纵墙(1至3轴)上有两个门洞,$\mu_2 = 1 - 0.4 \times 2.4/10.8 =$

0.91,大于上述0.8,可知该墙高厚比符合要求。

3. 横墙

墙厚240mm,纵墙的最大间距 $s=5.9$m,$H_0=0.4s+0.2H=0.4\times5.9+2\times3.6=3.08$m,且墙体无洞口,横墙的高厚比和允许高厚比较纵墙的有利,其高厚比满足要求。

(四)纵墙承载力计算

它包括选取计算单元、进行荷载和控制截面内力计算,最后验算墙体受压和砌体局部受压承载力。

1. 选取计算单元

该房屋有内、外纵墙。对于外纵墙,D 轴墙较 A 轴墙不利。对于内纵墙(B、C 轴墙),由于有走道楼面传来的荷载,墙上的竖向压力较外纵墙的有些增加,但梁(板)支承处墙体轴向压力的偏心距减小,且墙上的洞口宽度较外纵墙上的小。因此只需在 D 轴取一个开间的外纵墙(窗间墙)为计算单元(图4-10),该计算单元的受荷面积为 $3.6\times5.9/2=10.62\text{m}^2$。

2. 确定控制截面

对于多层房屋,在受压承载力计算中,每层墙的控制截面位于墙体顶部的梁(或板)底面(如截面1-1)和墙体底面(如截面2-2)处。在截面1-1、3-3等处,墙体偏心受压和砌体局部受压均不利。在截面2-2、4-4等处,承受的轴心压力最大。

本房屋中墙体采用同一强度等级的砖,对于第四层和第三层墙体,砂浆强度等级不同,且轴向压力的偏心距不等;第二层和第一层墙体,虽砂浆强度等级相同,但墙的截面尺寸不相等。因此需对截面1-1至截面8-8的受压承载力进行验算。

3. 荷载计算

上述计算单元内,作用于外纵墙(窗间墙)的荷载标准值和设计值,分别计算如下,对于设计值尚应考虑式(2-5)和式(2-7)的不同组合。

(1)计算单元内作用于窗间墙的荷载标准值

屋面恒荷载　　　　　　　　$5.1\times10.62=54.2$kN
屋面活荷载　　　　　　　　$0.7\times10.62=7.4$kN
二、三、四层楼面恒荷载　　$3.1\times10.62=32.9$kN
二、三、四层楼面活荷载　　$2.5\times10.62=26.6$kN
三、四层墙和窗自重　　$5.24(3.6\times3.6-2.1\times1.8)+0.4\times2.1\times1.8=48.1+1.5=49.6$kN

二层墙(包括壁柱)和窗自重　　$49.6+18\times0.13\times0.49\times3.6=49.6+4.1=53.7$kN

一层墙和窗自重　　$7.71(3.6\times4.6-2.1\times1.8)+0.4\times2.1\times1.8=98.5+1.5$
　　　　　　　　　　　　　　　　　　　　　　　$=100.0$kN

(2)计算单元内作用于窗间墙的荷载设计值按式(2-5),即用于第一种组合

屋面恒荷载　　　　　　　　$1.2\times54.2=65.0$kN

屋面活荷载　　　　　　　　$\underline{1.4\times7.4=10.4\text{kN}}$
　　　　　　　　　　　　　　合计 75.4kN

二、三、四层楼面恒荷载　　$1.2\times32.9=39.5$kN

二、三、四层楼面活荷载　　$\underline{1.4\times26.6=37.2\text{kN}}$
　　　　　　　　　　　　　　合计 76.7kN

三、四层墙和窗自重　　　　$1.2\times49.6=59.5$kN

二层墙和窗自重　　　　　　　　$1.2 \times 53.7 = 64.4 \text{kN}$
一层墙和窗自重　　　　　　　　$1.2 \times 100.0 = 120.0 \text{kN}$
按式(2-7),即用于第二种组合
屋面恒荷载　　　　　　　　　　$1.35 \times 54.2 = 73.2 \text{kN}$
屋面活载戴　　　　　　　　　　$\underline{7.4 \text{kN}}$
　　　　　　　　　　　　　　　合计 80.6kN
二、三、四层楼面恒荷载　　　　$1.35 \times 32.9 = 44.4 \text{kN}$
二、三、四层楼面活载　　　　　$\underline{26.6 \text{kN}}$
　　　　　　　　　　　　　　　合计 71.0kN
三、四层墙和窗自重　　　　　　$1.35 \times 49.6 = 67.0 \text{kN}$
二层墙和窗自重　　　　　　　　$1.35 \times 53.7 = 72.5 \text{kN}$
一层墙和窗自重　　　　　　　　$1.35 \times 100.0 = 135.0 \text{kN}$

4. 内力计算

控制截面上的内力为由上述荷载产生的轴向压力,对于截面1-1、3-3、5-5 和 7-7 为偏心压力,除求出轴向压力外,还应计算其偏心距。对于截面2-2、4-4、6-6 和 8-8 则为轴心压力。以上压力均应按式(2-5)和式(2-7)分别进行组合,现分别以下标(1)和(2)表示。

(1)第四层

第四层截面 1-1 处

由屋面荷载产生的轴向压力设计值

$$N_{1(1)} = 75.4 \text{kN}$$
$$N_{1(2)} = 80.6 \text{kN}$$

本房屋中屋、楼面梁梁高 600mm,梁端均设有混凝土刚性垫块。对于截面 1-1,$\sigma_0/f = 0$,由表 3-2,$\delta_1 = 5.4$;按式(3-22),得

$$a_{0,b} = \delta_1 \sqrt{\frac{h_c}{f}} = 5.4 \sqrt{\frac{600}{1.30}} = 116.0 \text{mm}$$

轴向压力的偏心距 $e = \frac{h}{2} - 0.4 a_{0,b} = \frac{240}{2} - 0.4 \times 116.0 = 73.6 \text{mm}$

第四层截面 2-2 处

轴向压力为上述压力与本层墙自重之和

$$N_{2(1)} = 75.4 + 59.5 = 134.9 \text{kN}$$
$$N_{2(2)} = 80.6 + 67.0 = 147.6 \text{kN}$$

(2)第三层

第三层截面 3-3 处

轴向压力为上述压力与本层楼面荷载之和

$$N_{3(1)} = 134.9 + 76.7 = 211.6 \text{kN}$$
$$N_{3l(1)} = 76.7 \text{kN}$$
$$\sigma_{0(1)} = \frac{134.9 \times 10^3}{1800 \times 240} = 0.31 \text{MPa}, \frac{\sigma_{0(1)}}{f} = \frac{0.31}{1.50} = 0.21$$
$$\delta_{1(1)} = 5.7, a_{0,b(1)} = 5.7 \sqrt{\frac{600}{1.50}} = 114.0 \text{mm}$$

$$e_{(1)} = \frac{76.7(120 - 0.4 \times 114.0)}{211.6} = 27.0 \text{mm}$$

$$N_{3(2)} = 147.6 + 71.0 = 218.6 \text{kN}$$

$$N_{3l(2)} = 71.0 \text{kN}$$

$$\sigma_{0(2)} = \frac{147.6 \times 10^3}{1800 \times 240} = 0.34 \text{MPa}, \frac{\sigma_{0(2)}}{f} = \frac{0.34}{1.50} = 0.23$$

$$\delta_{1(2)} = 5.75, a_{0,b(2)} = 5.75\sqrt{\frac{600}{1.50}} = 115.0 \text{mm}$$

$$e_{(2)} = \frac{71.0(120 - 0.4 \times 115.0)}{218.6} = 24.0 \text{mm}$$

第三层截面4-4处

轴向压力为上述压力与本层墙自重之和

$$N_{4(1)} = 211.6 + 59.5 = 271.1 \text{kN}$$

$$N_{4(2)} = 218.6 + 67.0 = 285.6 \text{kN}$$

(3) 第二层

第二层截面5-5处

轴向压力为上述压力与本层楼面荷载之和

$$N_{5(1)} = 271.1 + 76.7 = 347.8 \text{kN}$$

$$N_{5l(1)} = 76.7 \text{kN}$$

$$\sigma_{0(1)} = \frac{271.1 \times 10^3}{1800 \times 240 + 490 \times 130} = 0.55 \text{MPa}, \frac{\sigma_{0(1)}}{f} = \frac{0.55}{1.50} = 0.37$$

$$\delta_{1(1)} = 5.96, a_{0,b(1)} = 5.96\sqrt{\frac{600}{1.50}} = 119.2 \text{mm}$$

$$e_{(1)} = \frac{76.7(226.2 - 0.4 \times 119.2) - 271.1(143.8 - 120)}{347.8}$$

$$= \frac{13692.5 - 6452.2}{347.8} = 20.8 \text{mm}$$

$$N_{5(2)} = 285.6 + 71.0 = 356.6 \text{kN}$$

$$N_{5l(2)} = 71.0 \text{kN}$$

$$\sigma_{0(2)} = \frac{285.6 \times 10^3}{1800 \times 240 + 490 \times 130} = 0.58 \text{MPa}, \frac{\sigma_{0(2)}}{f} = \frac{0.58}{1.50} = 0.39$$

$$\delta_{1(2)} = 6.0, a_{0,b(2)} = 6.0\sqrt{\frac{600}{1.50}} = 120.0 \text{mm}$$

$$e_{(2)} = \frac{71.0(226.2 - 0.4 \times 120.0) - 285.6(143.0 - 120)}{356.6}$$

$$= \frac{12652.2 - 6568.8}{356.6} = 17.1 \text{mm}$$

第二层截面6-6处

轴向压力为上述压力与本层墙自重之和

$$N_{6(1)} = 347.8 + 64.4 = 412.2 \text{kN}$$

$$N_{6(2)} = 356.6 + 72.5 = 429.1 \text{kN}$$

(4) 第一层

第一层截面 7-7 处

轴向压力为上述压力与本层楼面荷载之和

$$N_{7(1)} = 412.2 + 76.7 = 488.9 \text{kN}$$

$$N_{7l(1)} = 76.7 \text{kN}$$

$$\sigma_{0(1)} = \frac{412.2 \times 10^3}{1800 \times 370} = 0.62 \text{MPa}, \frac{\sigma_{0(1)}}{f} = \frac{0.62}{1.50} = 0.41$$

$$\delta_{1(1)} = 6.0, a_{0,b(1)} = 6.0\sqrt{\frac{600}{1.50}} = 120.0 \text{mm}$$

$$e_{(1)} = \frac{76.7(185 - 0.4 \times 120.0) - 412.2(185 - 143.8)}{488.9}$$

$$= \frac{10507.9 - 16982.6}{488.9} = -13.2 \text{mm}$$

$$N_{7(2)} = 429.1 + 71.0 = 500.1 \text{kN}$$

$$N_{7l(2)} = 71.0 \text{kN}$$

$$\sigma_{0(2)} = \frac{429.1 \times 10^3}{1800 \times 370} = 0.64 \text{MPa}, \frac{\sigma_{0(2)}}{f} = \frac{0.64}{1.50} = 0.43$$

$$\delta_{1(2)} = 6.1, a_{0,b(2)} = 6.1\sqrt{\frac{600}{1.50}} = 122.0 \text{mm}$$

$$e_{(2)} = \frac{71.0(185 - 0.4 \times 122.0) - 429.1(185 - 143.8)}{500.1}$$

$$= \frac{9670.2 - 17678.9}{500.1} = -16.0 \text{mm}$$

第一层截面 8-8

轴向压力为上述压力与本层墙自重之和

$$N_{8(1)} = 488.9 + 120.0 = 608.9 \text{kN}$$

$$N_{8(2)} = 500.1 + 135.0 = 635.1 \text{kN}$$

5. 第四层窗间墙承载力验算

(1) 第四层截面 1-1 的墙体受压承载力

根据上述两种组合下的内力,取不利的 $N_1 = 80.6$kN 和 $e = 73.6$mm 进行承载力验算。

在墙、柱的受压承载力计算中,由于轴向压力的偏心距要满足式(3-11)的要求,而当楼、屋面梁的梁端设有刚性垫块时,应按式(3-22)采用垫块上表面的梁端有效支承长度,使偏心距有所增大,在本例中就反映了这一点。

由于 $e/y = 73.6/120 = 0.61 > 0.6$,不符合式(3-11)的要求。为减小偏心距,设计上可采用多种方案,例如增加上部荷载(如设置女儿墙),增加屋面梁高度或增大墙厚等。

本例中此处的 e/y 超过规定限值(0.6)很少,采用缺口垫块的方法加以解决,既经济又可行。现设置 560mm×240mm×180mm 的预制混凝土刚性垫块,其顶面宽为 220mm,如图 4-11 所示。得

$$e = \frac{220}{2} - 0.4 \times 116.0 = 63.6 \text{mm}$$

$$\frac{e}{h} = \frac{63.6}{240} = 0.265, \frac{e}{y} = 2 \times 0.265 = 0.53 < 0.6$$

$$\beta = \frac{H_0}{h} = \frac{3.6}{0.24} = 15.0, 由式(3-5)$$

$$\varphi_0 = \frac{1}{1+\eta\beta^2} = \frac{1}{1+0.002\times15^2} = 0.69$$

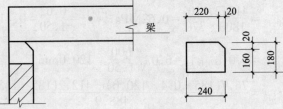

图 4-11 缺口垫块

由式(3-10),得

$$\varphi = \frac{1}{1+12\left[\frac{e}{h}+\sqrt{\frac{1}{12}\left(\frac{1}{\varphi_0}-1\right)}\right]^2} = \frac{1}{1+12\left[0.265+\sqrt{\frac{1}{12}\left(\frac{1}{0.69}-1\right)}\right]^2} = 0.28$$

按式(3-1),得

$\varphi f A = 0.28 \times 1.30 \times 1800 \times 240 \times 10^3 = 157.2\text{kN} > 80.6\text{kN}$,满足要求。

(2)第四层截面 1-1 的砌体局部受压承载力

按梁端设有刚性垫块的砌体局部受压承载力进行验算。

影响砌体局部抗压强度的计算面积

$$A_0 = (b+2h)h = (0.56+2\times0.24)\times0.24 = 0.25\text{m}^2$$

垫块面积 $A_b = a_b b_b = 0.56 \times 0.24 = 0.134\text{m}^2$

$$\frac{A_0}{A_b} = \frac{0.25}{0.134} = 1.87$$

由式(3-12),

$$\gamma = 1 + 0.35\sqrt{\frac{A_0}{A_l}-1} = 1 + 0.35\sqrt{1.87-1} = 1.33 < 2$$

垫块外砌体面积的有利影响系数 $\gamma_1 = 0.8\gamma = 0.8 \times 1.33 = 1.06$

$\frac{e}{h} = 0.265$,由式(3-10)取 $\varphi_0 = 1.0$,即按式(3-3)得

$$\varphi = \frac{1}{1+12\left(\frac{e}{h}\right)^2} = \frac{1}{1+12\times0.265^2} = 0.54$$

按式(3-19),得

$\varphi\gamma_1 f A_b = 0.54 \times 1.06 \times 1.30 \times 0.134 \times 10^3 = 99.7\text{kN} > 80.6\text{kN}$ 满足要求。

(3)第四层截面 2-2 的墙体受压承载力

该截面为轴心受压,取 $N = 147.6\text{kN}$ 进行承载力验算。

$\beta = 15.0$,由式(3-5) $\varphi = 0.69$。

按式(3-1),得

$$\varphi f A = 0.69 \times 1.30 \times 1800 \times 240 \times 10^{-3} = 387.5 \text{kN} > 147.6 \text{kN} \text{ 满足要求}。$$

6．第三层窗间墙承载力验算

(1)第三层截面 3-3 的墙体受压承载力

截面 3-3 的两组内力为 $N_{3(1)} = 211.6 \text{kN}$，$N_{3l(1)} = 76.7 \text{kN}$，$e_{(1)} = 27.0 \text{mm}$ 和 $N_{3(2)} = 218.6 \text{kN}$，$N_{3l(2)} = 71.0 \text{kN}$，$e_{(2)} = 24.0 \text{mm}$，比较可知，前者较为不利。取 $N = 211.6 \text{kN}$，$N_l = 76.7 \text{kN}$，$e = 27.0 \text{mm}$ 进行验算。

$$\frac{e}{h} = \frac{27.0}{240} = 0.11, \frac{e}{y} = 2 \times 0.11 = 0.22 < 0.6$$

$$\beta = \frac{3.6}{0.24} = 15.0, \text{由式(3-5)得 } \varphi_0 = \frac{1}{1 + 0.0015 \times 15^2} = 0.75 \text{ 由式(3-10)，得}$$

$$\varphi = \frac{1}{1 + 12\left[0.11 + \sqrt{\frac{1}{12}\left(\frac{1}{0.75} - 1\right)}\right]^2} = 0.52$$

按式(3-1)，得

$$\varphi f A = 0.52 \times 1.5 \times 1800 \times 240 \times 10^{-3} = 337.0 \text{kN} > 211.6 \text{kN} \text{ 满足要求}。$$

(2)第三层截面 3-3 的砌体局部受压承载力

按梁端设有刚性垫块的砌体局部受压承载力进行验算。

A_0、A_b 和 γ 值同上，但此时局部受压面积内受到上层传来轴向压力的作用，由 $\sigma_0 = 0.31 \text{MPa}$，得 $N_0 = \sigma_0 A_b = 0.31 \times 0.134 \times 10^3 = 41.5 \text{kN}$。

$$N_0 + N_l = 41.5 + 76.7 = 118.2 \text{kN}$$

$$e = \frac{76.7(120 - 0.4 \times 114.0)}{118.2} = 48.3 \text{mm}$$

由 $\frac{e}{h} = \frac{48.3}{240} = 0.20$ 和式(3-3)，得 $\varphi = \frac{1}{1 + 12 \times 0.20^2} = 0.68$

按式(3-19)，得

$$\varphi \gamma_1 f A_b = 0.68 \times 1.06 \times 1.5 \times 0.134 \times 10^3 = 144.9 \text{kN} > 118.2 \text{kN} \text{ 满足要求}。$$

(3)第三层截面 4-4 的墙体受压承载力

该截面为轴心受压，取 $N = 285.6 \text{kN}$ 进行承载力验算。

$\beta = 15.0$，由式(3-5) $\varphi = 0.75$

按式(3-19)，得

$$\varphi f A = 0.75 \times 1.50 \times 1800 \times 240 \times 10^{-3} = 486.0 \text{kN} > 285.6 \text{kN} \text{ 满足要求}。$$

7．第二层窗间墙承载力验算

(1)第二层截面 5-5 的墙体受压承载力

截面 5-5 的两组内力为 $N_{5(1)} = 347.8 \text{kN}$，$N_{5l(1)} = 76.7 \text{kN}$，$e_{(1)} = 20.8 \text{mm}$ 和 $N_{5(2)} = 356.6 \text{kN}$，$N_{5l(2)} = 71.0 \text{kN}$，$e_{(2)} = 17.1 \text{mm}$，比较可知，前者较为不利。取 $N = 347.8 \text{kN}$，$N_l = 76.7 \text{kN}$，$e = 20.8 \text{mm}$ 进行验算。

该层墙体为带壁柱墙，计算时应取折算厚度 h_T，且按 e/y_2 校核其限值。

$$\frac{e}{h_T} = \frac{20.8}{316.7} = 0.07, \frac{e}{y_2} = \frac{20.8}{226.2} = 0.09 < 0.6$$

$$\beta = \frac{H_0}{h_T} = \frac{3600}{316.7} = 11.4, \text{由式(3-5)得 } \varphi_0 = \frac{1}{1 + 0.0015 \times 11.4^2} = 0.84$$

由式(3-10),得

$$\varphi = \frac{1}{1 + 12\left[0.07 + \sqrt{\frac{1}{12}\left(\frac{1}{0.84} - 1\right)}\right]^2} = 0.68$$

按式(3-1),得

$$\varphi f A = 0.68 \times 1.50 \times 495700 \times 10^{-3} = 505.6 \text{kN} > 347.8 \text{kN 满足要求。}$$

(2)第二层截面5-5的砌体局部受压承载力

梁端设置370mm×490mm×180mm的预制混凝土刚性垫块。在带壁柱墙的壁柱内设刚性垫块时,由于其计算面积只取壁柱范围内的面积,而不计算翼缘部分,因此取 $A_0 = 0.37 \times 0.49 = 0.1813 \text{m}^2$。

$$A_b = A_0 = 0.1813 \text{m}^2, \gamma_1 = 1.0$$

由 $\sigma_0 = 0.55 \text{MPa}$,得 $N_0 = \sigma_0 A_b = 0.55 \times 0.1813 \times 10^3 = 99.7 \text{kN}$

$$N_0 + N_l = 99.7 + 76.7 = 176.4 \text{kN}$$

$$e = \frac{76.7(185.0 - 0.4 \times 119.2)}{176.4} = 59.7 \text{mm}$$

由 $\frac{e}{h} = \frac{59.7}{370} = 0.16$ 和式(3-3)得 $\varphi = \frac{1}{1 + 12 \times 0.16^2} = 0.76$

按式(3-19),得

$$\varphi \gamma_1 f A_b = 0.76 \times 1.0 \times 1.50 \times 0.1813 \times 10^3 = 206.7 \text{kN} > 176.4 \text{kN 满足要求。}$$

(3)第二层截面6-6的墙体受压承载力

该截面为轴心受压,取 $N = 429.1 \text{kN}$ 进行承载力验算。

$\beta = 11.4$,由式(3-5)得 $\varphi = 0.84$

按式(3-1),得

$$\varphi f A = 0.84 \times 1.50 \times 495700 \times 10^{-3} = 624.6 \text{kN} > 429.1 \text{kN 满足要求}$$

8. 第一层窗间墙承载力计算

(1)第一层截面7-7的墙体受压承载力

截面7-7的两组内力为 $N_{7(1)} = 488.9 \text{kN}, N_{7l(1)} = 76.7 \text{kN}, e_{(1)} = 13.2 \text{mm}$ 和 $N_{7(2)} = 500.1 \text{kN}, N_{7l(2)} = 71.0 \text{kN}, e_2 = 16.0 \text{mm}$,比较可知,后者较为不利。取 $N = 500.1 \text{kN}, N_l = 71.0 \text{kN}, e = 16.0 \text{mm}$ 进行验算。

$$\frac{e}{h} = \frac{16}{370} = 0.04, \frac{e}{y} = 2 \times 0.04 = 0.08 < 0.6$$

$\beta = \frac{H_0}{h} = \frac{4600}{370} = 12.4$,由式(3-5)得 $\varphi_0 = \frac{1}{1 + 0.0015 \times 12.4^2} = 0.81$

由式(3-10),得

$$\varphi = \frac{1}{1 + 12\left[0.04 + \sqrt{\frac{1}{12}\left(\frac{1}{0.81} - 1\right)}\right]^2} = 0.72$$

按式(3-1),得

$$\varphi f A = 0.72 \times 1.50 \times 1800 \times 370 \times 10^{-3} = 719.3 \text{kN} > 500.1 \text{kN 满足要求。}$$

(2)第一层截面7-7的砌体局部受压承载力

按梁端未设刚性垫块的情况考虑,此时梁端支承处砌体局部受压,在采用的有关参数和公式上与上述有所不同,应按式(3-18)进行验算。

楼面梁截面为 200mm×600mm,由式(3-16),得

$$a_0 = 10\sqrt{\frac{h_c}{f}} = 10\sqrt{\frac{600}{1.50}} = 200\text{mm}$$

$$A_0 = (b+2h)h = (0.2+2\times0.37)\times0.37 = 0.3478\text{m}^2$$

$$A_l = a_0 b = 0.2\times0.2 = 0.04\text{m}^2$$

$$\frac{A_0}{A_l} = \frac{0.3478}{0.04} = 8.7 > 3, \text{取 } \psi = 0$$

由式(3-12),

$$\gamma = 1 + 0.35\sqrt{\frac{A_0}{A_l}-1} = 1 + 0.35\sqrt{8.7-1} = 1.84 < 2.0$$

按式(3-18),并取 $\eta = 0.7$,得

$$\eta\gamma f A_l = 0.7\times1.84\times1.50\times0.04\times10^3 = 77.3\text{kN} > 76.7\text{kN}$$

以上计算表明,该层楼面梁在不设刚性垫块的情况下,梁端砌体局部受压承载力满足要求。

(3)第一层截面 8-8 的墙体受压承载力

该截面为轴心受压,取 N = 635.1kN 进行承载力验算。

$$\beta = 12.4, \text{由式(3-5)}\varphi = 0.81。$$

按式(3-1),得

$$\varphi f A = 0.81\times1.50\times1800\times370\times10^{-3} = 809.2\text{kN} > 635.1\text{kN 满足要求。}$$

9. 对承载力验算结果的比较与分析

为便于查阅和校核,读者可自行将以上窗间墙的受压承载力和砌体局部受压承载力的计算结果列成表格,予以汇总。

上述承载力的计算结果表明,在本题条件下,第二、三、四层窗间墙顶截面(截面1-1,3-3,5-5)的偏心受压承载力和梁端支承处砌体局部受压承载力基本上取决于可变荷载效应控制的组合值,即基本由第一种最不利内力控制。而相应的底截面(截面2-2,4-4,6-6)的轴心受压承载力则取决于永久荷载效应控制的组合值,即由第二种最不利内力控制。第一层窗间墙顶、底截面(截面7-7,8-8)的墙体受压和砌体局部受压承载力基本上取决于永久荷载效应控制的组合值,即基本由第二种最不利内力控制。对于一般的多层民用房屋,其基本规律大体如此,尤其随着房屋层数的增加,愈往底层,墙体的受压承载力受第二种最不利内力控制愈明显。

计算还表明,各层墙体的受压承载力,无论偏心受压和轴心受压时均有较大富裕,但各层梁端支承处砌体的局部受压承载力的验算结果则是满意的。因而对于砌体结构房屋墙柱的设计,应十分注视其砌体局部受压的可靠性。

(五)横墙承载力计算

3 轴横墙的受荷面积较大,现取其进行计算。由于横墙上承受由屋面和楼面传来的均布荷载,可取 1m 宽的横墙作为计算单元(图 4-10),受荷面积为 1m×3.6m=3.6m²。因该横墙为轴心受压,且墙厚均为240mm,较上述窗间墙的计算要简单得多,且同一层内可只验

算底截面。为此可选取砂浆强度等级及墙高改变处,即可只验算底截面2-2、6-6和8-8的承载力。

1. 荷载计算

作用于横墙的荷载标准值、设计值的计算方法与上述窗间墙的方法相同。

(1)计算单元内作用于横墙的荷载标准值

屋面恒荷载	$5.1 \times 3.6 = 18.4$ kN/m
屋面活荷载	$0.7 \times 3.6 = 2.5$ kN/m
二、三、四层楼面恒荷载	$3.1 \times 3.6 = 11.2$ kN/m
二、三、四层楼面活荷载	$2.5 \times 3.6 = 9.0$ kN/m
二、三、四层墙自重	$5.24 \times 3.6 = 18.9$ kN/m
一层墙自重	$5.24 \times 4.6 = 24.1$ kN/m

(2)计算单元内作用于横墙的荷载设计值

用于第一种组合

屋面恒荷载和活荷载	$1.2 \times 18.4 + 1.4 \times 2.5 = 25.6$ kN/m
二、三、四层楼面恒荷载和活荷载	$1.2 \times 11.2 + 1.4 \times 9.0 = 26.0$ kN/m
二、三、四层墙自重	$1.2 \times 18.9 = 22.7$ kN/m
一层墙自重	$1.2 \times 24.1 = 28.9$ kN/m

用于第二种组合

屋面恒荷载和活荷载	$1.35 \times 18.4 + 2.5 = 27.3$ kN/m
二、三、四层楼面恒荷载和活荷载	$1.35 \times 11.2 + 9.0 = 24.1$ kN/m
二、三、四层墙自重	$1.35 \times 18.9 = 25.5$ kN/m
一层墙自重	$1.35 \times 24.1 = 32.5$ kN/m

2. 内力计算

同样应按式(2-5)和式(2-7)计算两种最不利内力组合值。

(1)第四层截面2-2处

由屋面荷载和本层墙自重产生的轴心压力设计值

$$N_{2(1)} = 25.6 + 22.7 = 48.3 \text{kN/m}$$

$$N_{2(2)} = 27.3 + 25.5 = 52.8 \text{kN/m}$$

(2)第二层截面6-6处

轴心压力为上述压力与三、四层楼面荷载及二、三层墙自重之和

$$N_{6(1)} = 48.3 + 2 \times 26.0 + 2 \times 22.7 = 145.7 \text{kN/m}$$

$$N_{6(2)} = 52.8 + 2 \times 24.1 + 2 \times 25.5 = 152.0 \text{kN/m}$$

(3)第一层截面8-8处

轴心压力为上述压力与二层楼面荷载及一层墙自重之和

$$N_{8(1)} = 145.7 + 26.0 + 28.9 = 200.6 \text{kN/m}$$

$$N_{8(2)} = 152.0 + 24.1 + 32.5 = 208.6 \text{kN/m}$$

以上内力计算结果表明,该横墙的轴心压力以第二种组合值为最不利。

3. 横墙承载力验算

(1) 第四层截面 2-2 的墙体受压承载力

$$\beta = \frac{3.6}{0.24} = 15.0,由式(3-5)得 \varphi = 0.69$$

按式(3-1),得

$$\varphi f A = 0.69 \times 1.50 \times 1000 \times 240 \times 10^{-3} = 246.4 \text{kN} > 52.8 \text{kN} 满足要求。$$

(2) 第二层截面 6-6 的墙体受压承载力

$$\beta = \frac{3.6}{0.24} = 15.0,由式(3-5)得 \varphi = 0.75$$

按式(3-1),得

$$\varphi f A = 0.75 \times 1.50 \times 1000 \times 240 \times 10^{-3} = 270.0 \text{kN} > 152.0 \text{kN} 满足要求。$$

(3) 第一层截面 8-8 的墙体受压承载力

$$\beta = \frac{4.6}{0.24} = 19.2,由式(3-5)得 \varphi = \frac{1}{1 + 0.0015 \times 19.2^2} = 0.64$$

按式(3-1),得

$$\varphi f A = 0.64 \times 1.50 \times 1000 \times 240 \times 10^{-3} = 230.4 \text{kN} > 208.6 \text{kN} 满足要求。$$

以上验算结果表明,该横墙的受压承载力有较大富裕,其他部位横墙的受压承载力亦不必验算。

第四节 刚弹性方案房屋墙、柱计算

刚弹性方案房屋的空间刚度介于刚性方案和弹性方案房屋的空间刚度之间,这三类方案房屋墙、柱的承载力计算方法和步骤原则上是一致的。就刚弹性方案房屋而言,主要不同在于分析墙、柱内力时,在平面排架或框架的基础上,计入考虑空间工作的影响系数 η_i。即应熟悉平面排架或框架的内力分析方法,并重点注意如何求得墙、柱弹性支座反力。单层与多层刚弹性方案房屋墙、柱内力分析方法如下所述。

一、单层刚弹性方案房屋墙、柱内力计算

图 4-1(b) 所示单层刚弹性方案房屋,在水平荷载作用下,墙柱的内力可按下述步骤进行计算(图 4-12)。

(1) 根据屋盖类别和横墙最大间距确定静力计算方案,并得到空间性能影响系数 η,形成柱顶处具有弹性支承的平面排架。

(2) 按结构力学中平面排架的分析方法,假设上述排架无侧移,求出柱顶不动铰支承反力 R 和各柱顶剪力(如 V_{A1})。

(3) 将 R 乘 η 后,反向作用于排架柱顶,求出柱顶剪力(如 V_{A2},V_{B2},图中 μ 为剪力分配系数,当 A、B 柱相同时 $\mu_1 = \mu_2 = 1/2$)。

这是因为平面排架(弹性方案)时柱顶水平位移为 u_P,而刚弹性方案时柱顶水平位移为 $u_s = \eta u_P$,它较弹性方案水平位移的减少量为 $u_P - u_s = (1 - \eta) u_P$,该位移正是横墙承担的弹性支座反力 X 产生。按力与位移成正比,得

$$\frac{X}{R} = \frac{u_P - u_s}{u_P} = 1 - \eta$$

因而弹性支承反力 $X=(1-\eta)R$，则柱顶的作用力 $R-X=R-(1-\eta)R=\eta R$。
由此也可看出，因 $\eta<1$，故刚弹性方案房屋墙柱的内力必然小于弹性方案房屋墙柱的内力。

(4)将上述(2)和(3)二种情况下的柱顶剪力叠加，即求得柱顶最后的剪力(如 V_A、V_B)，从而可计算柱内各控制截面的内力。

设计计算时，还应考虑竖向荷载作用下墙柱截面的内力，其分析亦按上述方法进行。

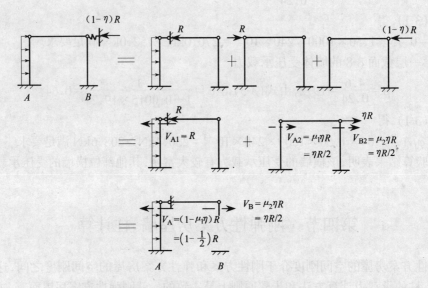

图 4-12 单层刚弹性方案房屋墙柱内力计算

二、多层刚弹性方案房屋墙、柱内力计算

多层刚弹性方案房屋墙、柱内力计算方法和步骤与上述单层房屋的没有原则上的区别，只是由于多层刚弹性方案房屋不仅纵向各开间之间，而且各层之间存在空间作用。因而应根据相应层的屋盖或楼盖类别和横墙最大间距确定 η_1、$\eta_2\cdots\eta_n$ 值。在水平荷载(风荷载)作用下，墙、柱内力计算方法如图 4-13 所示。

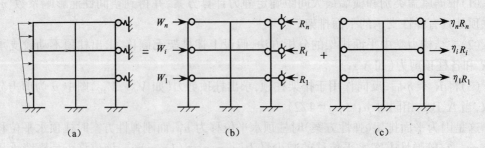

图 4-13 多层刚弹性方案房屋墙柱内力计算

(1)求出无侧移时各支杆反力 R_i 和墙、柱内力(图 4-13b)。
(2)将 R_i 乘 η_i 后，反向施加于节点上，计算墙、柱内力(图 4-13c)。

(3)将(1)、(2)两种情况下的墙、柱内力叠加。

在实际工程中,由于建筑使用功能的要求,如房屋顶层为会议室而底层为办公室,即房屋顶层的使用空间较大,横墙较少,属刚弹性方案,而房屋下部各层的横墙间距较小,属刚性方案,这种房屋又称为上柔下刚的多层房屋。此时可采用简化方法进行计算,即顶层按单层房屋取空间性能影响系数 η 作内力计算,下面各层按刚性方案进行内力计算。如房屋底层为商场而上面各层为办公室或住宅的多层房屋,有可能属上刚下柔方案,这种房屋的底层刚度显著变小,在构造措施上不当或偶然因素作用下,存在着整体失效的可能性,故不宜采用。若有必要,可将底层采用钢筋混凝土-剪力墙的结构方案。

第五节 圈梁的设计

圈梁是在房屋的檐口、窗顶、楼层、吊车梁标高或基础顶面处,沿砌体墙水平方向设置封闭状的梁式构件。它能增强房屋的整体刚度,提高房屋的抗震能力,以及防止由于地基的不均匀沉降或较大的振动荷载等对房屋引起的不利影响。工程上常采用现浇钢筋混凝土圈梁。

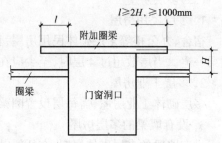

图 4-14 附加圈梁的布置

一、圈梁的形式

圈梁宜连续设置在同一水平面上,并形成封闭状。当圈梁被门、窗洞口截断时,应在洞口上部增设相应截面的附加圈梁,其布置应符合图 4-14 的要求。

二、圈梁的连接

圈梁在纵横墙交接处,应有可靠的连接,图 4-15 所示为钢筋混凝土圈梁的钢筋连接要求。

刚弹性和弹性方案房屋中的圈梁,还应与屋架、大梁等构件可靠连接。

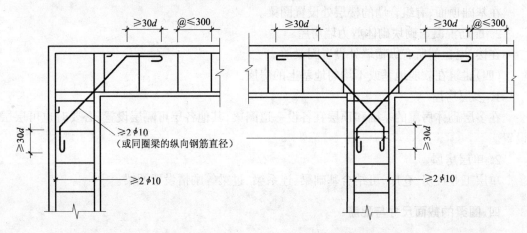

图 4-15 转角及交接处圈梁的配筋构造

三、圈梁的设置位置与数量

应视房屋的用途、层数、砌体种类的不同,是否有振动荷载及地震作用,以及房屋的地基情况,按下列规定的部位和数量在外墙、内纵墙和主要内横墙上设置现浇钢筋混凝土圈梁,并宜在平面内形成封闭体系。在抗震设防地区的砌体房屋,圈梁的设置要求还应符合建筑抗震设计规范的规定。

(一)单层房屋(车间、仓库、食堂等空旷的单层房屋)

(1)砖砌体房屋

檐口标高为5~8m时,在檐口标高处设置圈梁一道,檐口标高大于8m时,增加设置数量。

(2)砌块及料石砌体房屋

檐口标高为4~5m时,在檐口标高处设置圈梁一道,檐口标高大于5m时,增加设置数量。

(3)有吊车或较大振动设备的单层工业房屋

除在檐口或窗顶标高处设置圈梁外,尚应增加设置数量。

(二)多层房屋

1. 多层民用房屋

宿舍、办公楼等多层砌体民用房屋,且层数为3~4层时,在底层楼面、檐口标高处设置圈梁一道。当层数超过4层时,至少应在所有纵横墙上隔层设置圈梁。

2. 多层工业房屋

多层砌体工业房屋,需每层设置圈梁。

3. 设有墙梁的多层房屋

设有墙梁的多层砌体房屋,在托梁、墙梁顶面和檐口标高处设置圈梁。

4. 采用现浇钢筋混凝土楼、屋盖的多层砌体房屋

当层数超过5层时,除在檐口标高处设置一道圈梁外,可隔层设置圈梁,并与楼、屋面板一起现浇。

(三)配筋砌体结构房屋

1. 组合砖墙砌体结构房屋

在基础顶面、有组合墙的楼层处设置圈梁。

2. 配筋混凝土砌块砌体剪力墙房屋

在楼、屋盖的所有纵横墙处设置圈梁。

(四)建筑在软弱地基或不均匀地基上的房屋

1. 多层房屋

在多层砌体房屋的基础和顶层宜各设一道圈梁,其他各层可隔层设置,必要时也可层层设置。

2. 单层房屋

单层工业厂房、仓库,可结合基础梁、连系梁、过梁等酌情设置圈梁。

四、圈梁的截面尺寸与配筋

墙体中圈梁的受力比较复杂,目前尚未建立圈梁的内力和配筋的计算方法。因此依据实践经验,提出了圈梁的截面尺寸和配筋的构造要求。

1. 圈梁的截面尺寸

(1)圈梁的宽度宜与墙厚相等,当墙厚 $h \geqslant 240mm$ 时,圈梁的宽度不宜小于 $2h/3$。圈梁的高度应为砌体每层高度的倍数,且不应小于120mm。

(2)组合砖墙砌体结构房屋中的圈梁高度不宜小于240mm。

(3)配筋混凝土砌块砌体剪力墙房屋中的圈梁宽度和高度宜等于墙厚和块高。

2. 圈梁的配筋

(1)圈梁的纵向钢筋不应少于 $4\phi10$,钢筋的搭接长度按受拉钢筋考虑,箍筋间距不应小于 300mm。

(2)组合砖墙砌体结构房屋中圈梁的纵向钢筋不宜小于 $4\phi12$,箍筋宜采用 $\phi6$、间距200mm。

(3)圈梁兼作过梁时,过梁部分的钢筋应按计算用量增配。

第六节　墙体裂缝的防治

无筋砌体的抗拉强度低,抗裂性能差。因而砌体结构房屋中的墙体,在荷载直接作用下,尤其在温度变形和材料收缩变形,以及地基不均匀沉降的间接作用下易产生裂缝,轻则影响房屋的正常使用与美观,严重的导致工程事故的发生。

在合理选择砌体材料,仔细进行承载力计算,选用并保证构造措施合理的情况下,墙体能满足承载力极限状态要求,可以保证墙体在荷载作用下不致产生受力裂缝。如果因设计、施工或使用的错误或不当,且产生处于发展或有发展迹象的受力裂缝,则应立即采取加固措施。

对于地基不均匀沉降引起的墙体裂缝,应对建筑体形、荷载情况、结构类型和地质条件进行综合分析,采取合理的建筑措施、结构措施和地基处理方法加以解决。

砌体房屋墙体在温度变形和材料收缩变形作用下时有裂缝产生,受到普遍关注。归纳起来,其成因与防治如下所述。

一、墙体裂缝的部位、形态

1. 顶层墙体裂缝

砌体结构房屋中的墙体,在温度变形和材料收缩变形作用下,尤其是混凝土小型空心砌块墙体和硅酸盐砖墙体在顶层两端1~2开间内的外纵墙、山墙、内纵墙和内横墙处产生阶梯形斜裂缝或水平裂缝,如图4-16(a)所示。在房屋的次顶层,上述裂缝产生的机率少得多。

房屋顶层端部开间的外纵墙处,在窗洞角部产生阶梯形斜裂缝,就整个房屋而言,两端的斜裂缝形成八字形,常称为"八字缝",如图4-16(b)所示。外纵墙与外山墙的交接处,还可能产生水平包角裂缝,如图4-16(c)所示。内横墙与外纵墙或内纵墙与外山墙相连接的一侧,产生阶梯形斜裂缝,如图4-16(d)所示。严重时外纵墙、外山墙和内纵墙上产生连通的水平与斜裂缝,如图4-16(e)所示。

2. 底层墙体裂缝

对于混凝土砌块墙体和硅酸盐砖墙体,墙长较大时,在材料干缩变形作用下,底层墙体有可能产生竖向裂缝,如图4-17所示。

顺便指出,在底层窗台墙有时产生如图 4-18 所示竖向裂缝和阶梯形斜裂缝。图 4-18(a)主要因基础梁刚度不足,在上部荷载作用下窗台墙反向弯曲变形引起。图 4-18(b)则是窗间墙的竖向压应力大而窗台墙的竖向压应力小,因局部的竖向变形差所致。如块体干缩变形大,加剧了这种裂缝的产生。

3. 整幢房屋纵墙竖向裂缝

图 4-19 为某印刷厂书库,楼板设有温度伸缩缝,但墙体未设,在房屋中部自圈梁开始至整个纵墙被拉裂,产生竖向裂缝。

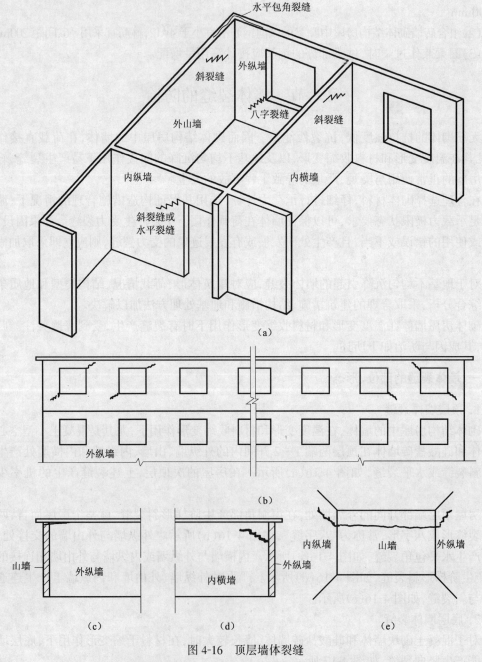

图 4-16 顶层墙体裂缝
(a)裂缝部位示意图;(b)八字缝;(c)水平裂缝;(d)斜裂缝;(e)连通裂缝

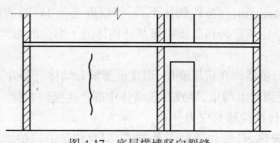

图 4-17 底层横墙竖向裂缝

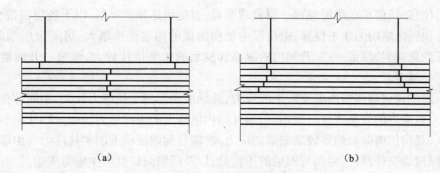

图 4-18 底层窗台墙裂缝

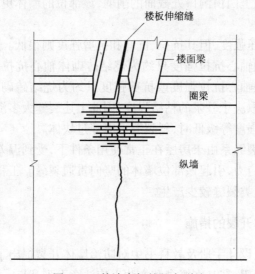

图 4-19 外墙内部的竖向裂缝

二、裂缝原因分析

上述一中之 1、2 所述裂缝系主要由于钢筋混凝土的温度变形和砌体干缩变形引起。

1. 材料的温度变形和收缩变形

钢筋混凝土的线膨胀系数约为 10×10^{-6}，烧结砖砌体的线膨胀系数为 5×10^{-6}，表明在相同条件下，钢筋混凝土构件的温度变形较砖砌墙体的约大一倍。砌体在浸水时体积膨胀，失水时体积收缩，它的干缩变形较大。混凝土砌块砌体、蒸压灰砂砖砌体和蒸压粉煤灰砖砌体的收缩率约为-0.2mm/m,而按线膨胀系数,当温度变化1℃时的变形约只有0.01mm/m,可见混凝土砌块、蒸压灰砂砖和蒸压粉煤灰砖砌体的干缩变形相当于温差为20℃时的温度变形。

图4-17所示裂缝,虽墙体在房屋底层,温度的影响对墙体开裂并无影响,但由于块体的收缩和墙体上、下端受到较大约束,导致在该墙体中部产生竖向裂缝。

2. 温度作用下墙体的位移与应力分布

建筑中的传热有导热、对流和辐射三种方式,但对建筑的围护结构,以导热方式为主。由于温差的存在,尤其是屋面与墙体的相对温差引起房屋纵、横向的整体位移和纵、横向的层间相对位移,该位移在房屋顶部一层表现明显,有的可达顶部二层,以下各层则很小。

房屋顶层纵墙内的水平位移,由房屋中部向房屋的两端逐步增大,房屋顶层端部纵、横墙的相互约束减弱,端部一、二开间内的纵墙和横墙的水平位移较大,至第三开间墙体的水平位移明显减少。

在房屋的顶层墙体内由温差产生的应力,外纵墙端部的主拉应力较大,中间部位的主拉应力很小,剪应力的分布规律与此相同;端开间内纵墙上的主拉应力较端开间外纵墙上的主拉应力大,且房屋南向墙的要较北向墙的应力大;端开间内横墙上的主拉应力与山墙的相差不大;在纵横墙交接部位、屋面与圈梁的连接处,以及门窗洞口处产生应力集中。

由此可见,温度作用主要影响房屋顶部一层和顶部二层的墙体,顶层端部一、二开间内的墙体相互约束减弱,加上门窗洞口处截面的削弱,该部位的墙体更易产生裂缝。

3. 砌体强度

砌体虽有较高的抗压强度,但其抗拉、抗弯和抗剪强度则很低。其中更应注意蒸压灰砂砖、蒸压粉煤灰砖砌体的轴心抗拉强度只约为烧结砖砌体轴心抗拉强度的60%,混凝土小型空心砌块砌体,无论是轴心抗拉强度或抗剪强度只约为烧结砖砌体的50%。此外,砌体的抗拉与抗剪强度主要取决于砂浆的粘结强度,因此上述裂缝大多沿砂浆灰缝呈阶梯形,有的沿水平通缝。当块体强度等级低时,斜裂缝可能穿过块体。

上述一中之3所述裂缝系由于房屋在正常使用条件下,受到温差和砌体干缩作用,在房屋中部墙体产生较大拉应力,引起该部位墙体的竖向贯通裂缝。工程实践经验表明,在墙体中设置温度伸缩缝后,这类裂缝较少产生。

三、防止或减轻墙体开裂的措施

砌体结构设计规范、设计手册及教科书中对防治墙体开裂提出了许多方法和措施,工程设计上怎样掌握,如何运用,在基本概念和方法上应注意下列几点:

1. 影响砌体结构房屋墙体开裂的原因是多方面的,也往往由多种因素而产生。如屋面与墙体的温差,钢筋混凝土屋盖的温度变形和砌体的干缩;屋盖保温、隔热的性能;屋盖结构类型和墙体的布置;选用的砌体材料等。因而,应在材料、设计、施工诸方面采取综合防治措施。

2. 在选用具体的措施时,应根据墙体裂缝易产生的部位和特征,采取"防、放、抗"相结合的方法。采用保温、隔热的屋面和墙体等,可以减小屋面和墙体以及墙体内外的温差,属于"防"的方法。屋盖及墙体设置温度伸缩缝、屋面设置隔离层、顶层墙体设置控制缝、在钢筋混凝土屋面板与墙体圈梁的接触面设置水平滑动层等,可有效降低墙体的温度、收缩应力及相对位移,属于"放"的方法。针对温度和收缩变形大、墙体连接薄弱、刚度小、截面削弱、应力集中等处,增设钢筋混凝土构造柱、芯柱、设置拉结钢筋以及配置水平钢筋等,以增强墙体的抗裂能力,属于"抗"的方法。

3. 还应当看到,由于引起墙体开裂原因的复杂性和不定性,至今对分析这些影响并建立符合工程实际的准确方法尚在研究之中,即使按照砌体结构设计规范规定的方法和提供的措施,在工程上根治砌体结构因温度变形、干缩变形等间接作用而产生的裂缝尚存在许多困难,目前只能达到"防止或减轻"的要求。加强这方面的研究,贯彻建筑节能,紧密结合工程实际不断创新是我们面临的任务。

思考题和习题

思考题 4-1 扼要比较混合结构房屋各类型结构布置的主要特点。
思考题 4-2 影响砌体结构房屋空间工作性能的主要因素是什么?
思考题 4-3 确定房屋静力计算方案的目的是什么?
思考题 4-4 为什么要验算砌体墙、柱的高厚比?
思考题 4-5 试说明矩形截面墙与带壁柱墙在高厚比验算中的异同点。
思考题 4-6 式(4-6)有何适用条件?
思考题 4-7 建立刚性方案房屋墙、柱静力计算方法采用了哪些基本假定?
思考题 4-8 试总结刚性方案房屋墙、柱承载力计算的主要步骤?
思考题 4-9 单层刚弹性方案房屋与单层刚性方案房屋在墙、柱内力计算中的主要区别在哪里?
思考题 4-10 在一般多层混合结构房屋中应怎样设置圈梁?
思考题 4-11 混合结构房屋中的墙体较易产生哪些类型的裂缝?
思考题 4-12 为防止或减轻混凝土小型空心砌块墙体房屋的顶层墙体开裂,可采取哪些措施?

习题 4-1 某刚性方案房屋,其中一层的部分墙体如图 4-20 所示,施工质量控制等级为 B 级。已知上层荷载产生的轴向压力为 235.4kN,本层楼盖荷载产生于梁端的支承压力为 72.3kN;梁端下已设置 370mm×490mm×190mm 的混凝土垫块。试设计该层窗间墙。

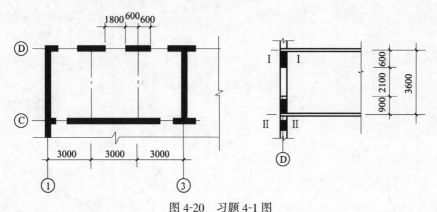

图 4-20 习题 4-1 图

习题参考答案

习题 4-1 本题未给定砌体材料及墙体尺寸,因而有多种设计结果。
当采用普通砖 MU10、水泥混合砂浆 M5 及窗间墙截面尺寸如图 4-21 所示时,可解得下列结果。

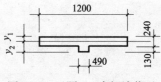

图 4-21 习题 4-1 窗间墙截面

(1) 按刚性方案房屋计算
(2) 窗间墙高厚比验算

整片墙高厚比验算

$\beta = 10.7 < [\beta] = 18.2$，满足要求。

壁柱间墙高厚比验算

$\beta = 7.5 < [\beta] = 18.2$，满足要求。

(3) 截面 I-I 的受压承载力

$[\varphi fA] = 400.9 \text{kN} > N = 307.7 \text{kN}$，满足要求。

(4) 截面 I-I 的局部受压承载力

所设垫块为刚性垫块，

$[\varphi \gamma_1 fA_b] = 220.3 \text{kN} > N_0 + N_l = 193.8 \text{kN}$，满足要求。

(5) 截面 II-II 的受压承载力

$[\varphi fA] = 452.9 \text{kN} > N = 358.6 \text{kN}$，满足要求。

第五章 墙梁及挑梁的设计计算

【重点与难点】 要求掌握简支墙梁的破坏特征,熟悉墙梁的计算简图和荷载计算方法,重点掌握托梁及墙体的设计计算方法和构造要求。由于墙梁是考虑墙和钢筋混凝土托梁的共同工作,施工阶段的验算也尤其重要。难点是计算简图中的荷载计算、托梁的内力计算以及墙体内剪力计算。挑梁计算的重点和难点是挑梁的抗倾覆验算和梁下局部受压验算。

【学习方法】 了解墙梁的三种破坏特征及其受力特点,掌握影响墙梁组合性能的影响因素,熟悉无洞口和有洞口墙梁中内力的分布规律及墙体和托梁的内力计算方法,在此基础上掌握偏心受拉托梁和墙体抗剪、局压的设计计算方法。挑梁的抗倾覆验算主要是要掌握倾覆点的位置确定和抗倾覆荷载的取值的方法。

第一节 墙梁的设计计算

一、墙梁的种类及适用范围

1. 墙梁的定义

由钢筋混凝土托梁及其以上计算高度范围内的墙体所组成的组合构件称为墙梁。

2. 墙梁的分类

(1)按支承方式分 $\begin{cases} 简支墙梁 \\ 连续墙梁 \\ 框支墙梁 \end{cases}$

(2)按是否承受梁、板荷载分 $\begin{cases} 承重墙梁 \\ 自承重墙梁 \end{cases}$

(3)按墙梁是否开洞分 $\begin{cases} 无洞口墙梁 \\ 有洞口墙梁 \end{cases}$

3. 墙梁的适用范围

按组合结构方法设计的承重墙梁的跨度 $l \leqslant 10m$,自承重墙梁的跨度 $l \leqslant 12m$。此外,对墙体的开洞等方面还有严格的要求。

二、墙梁的组合受力性能及设计时控制发生各类破坏的方法

1. 影响墙梁的组合性能的因素

影响墙梁的组合性能的因素主要包括:支承情况、托梁和墙体的材料、托梁的高跨比、墙体的高跨比、托梁内配筋率、墙体上是否开洞、洞口的大小与位置等。

2. 梁的破坏特征

(1)弯曲破坏

当托梁中钢筋较少而砌体强度却相对较高,且墙体高跨比较小时,一般先在跨中出现垂直裂缝,随着荷载的增加,裂缝迅速向上延伸,并穿过托梁与墙的界面进入墙体,同时托梁中还出现新的裂缝。当主裂缝截面中托梁的上、下部钢筋达到屈服强度时,墙梁发生沿跨中正截面的弯曲破坏,如图 5-1(a)所示。

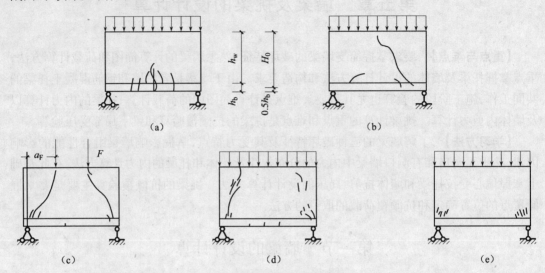

图 5-1 墙梁的破坏形态
(a)弯曲破坏;(b)斜拉破坏;(c)集中荷载作用下的斜拉破坏;(d)斜压破坏;(e)局部受压破坏

对有洞口墙梁,托梁上主裂缝发生在靠跨中一侧洞口边。当洞口边至墙梁最近支座距离较小($a/l<1/4$)时,托梁呈大偏心受拉破坏;当洞距较大($a/l>1/4$)时,托梁呈小偏心受拉破坏。

对连续墙梁,破坏时在跨中和支座先后出现塑性铰,形成弯曲破坏机构。

对框支墙梁,破坏时,除了在跨中出现塑性铰外,还要柱顶截面出现塑性铰,使结构形成弯曲破坏机构而破坏。

(2)剪切破坏

当托梁中的钢筋较多,而砌体强度却相对较低,且墙体高跨比 h_w/l_0 适中时,在支座上部的砌体中出现因主拉或主压应力过大而引起的斜裂缝,导致砌体的剪切破坏,有以下两种:

1)斜拉破坏。当 $h_w/l_0<0.4$ 或集中荷载作用下的剪跨比(a/l_0)较大,且砂浆的强度等级又较低时,墙体将因主拉应力过大,产生沿齿缝截面的比较平缓的斜裂缝(图 5-1b)而破坏,属脆性破坏,设计中应避免。

2)斜压破坏。当 $h_w/l_0>0.4$ 或集中荷载作用下的剪跨比(a/l_0)较小时,支座附近剪跨范围的砌体将因主压应力过大而产生沿斜向的斜压破坏(图 5-1c)。破坏时,极限承载力较大。

一般地,无洞口墙梁中的托梁不发生剪切破坏。

对有洞口墙梁,通常在洞口外侧较窄墙肢发生剪切破坏。且当洞距较小时,托梁在洞口部位易发生剪切破坏。

(3)局部受压破坏

当托梁中的钢筋较多,而砌体强度却相对较低,且 $h_w/l_0>0.75\sim0.80$ 时,支座上方砌体将因正应力过大,而产生砌体局部受压破坏(图 5-1e)。另外,如托梁中纵向钢筋锚固不牢,也可能在托梁支座上部砌体产生局部受压破坏。

3. 设计时控制墙梁破坏的方法

为了保证墙梁在施工和正常使用阶段不发生以上破坏,通常在设计时用以下两类方法来保证:

(1)设计计算

1)托梁正截面承载力计算——保证墙梁不出现弯曲破坏。因为托梁在弯曲破坏墙梁中是偏心受拉构件,且墙梁的弯曲破坏是由于托梁正截面破坏而导致。

2)托梁斜截面受剪承载力计算——保证墙梁在剪切破坏时托梁不剪坏。开洞墙梁的洞边距较小才发生托梁先于墙体剪坏的情况,其他大多数情况都是墙体先于托梁剪坏,但由于剪切破坏是脆性破坏,托梁需要进行斜截面受剪承载力计算。

3)墙体受剪承载力计算——保证墙梁在剪切破坏时墙体不出现斜压破坏。

4)托梁支座上部砌体局部受压承载力计算——保证墙梁不出现砌体局部受压破坏。墙梁端部有翼墙($b_f/h \geqslant 5$)或有钢筋混凝土构造柱时,可以大大减少墙内压应力集中,可不作局部受压验算。

(2)构造要求

1)墙体高跨比要求——保证墙梁不出现斜拉破坏。当$h_w/l_0 < 0.35 \sim 0.4$时易发生斜拉破坏,而斜拉破坏墙梁承载力很低,为此墙体高跨比不应小于0.4(承重墙梁)或1/3(自承重墙梁)。

2)托梁高跨比要求——保证托梁具备足够的刚度。托梁是墙梁的关键受力构件,且托梁刚度增大对改善墙体的抗剪性能和支座上部砌体的局部受压性能有利,因此,托梁高跨比不应小于1/10(承重墙梁)或1/15(自承重墙梁)。但托梁高跨比不宜太大,太大的话,会使墙梁上荷载向跨中集中,不利于墙梁的组合作用。

3)墙体总高度和墙梁跨度限制——工程经验确定。墙体总高度不超过18m,墙梁跨度不超过9m(承重墙梁)或12m(自承重墙梁)。

4)洞宽洞高限制——为了保证墙体的整体性和根据试验情况确定的。根据墙梁试验结果,对墙梁的洞口的宽跨比、高度及洞边支座中心的距离进行限制。

5)其他构造要求——为了保证托梁与墙体的共同工作,保证墙梁组合作用的共同发挥,设计时还应该在材料、墙体构造和托梁配筋方面满足要求。

三、墙梁的计算简图

1. 简支墙梁(图5-2)

(1)墙梁计算跨度l_0,取$1.1l_n$与l_c两者的较小值;l_n为净跨,l_c为支座中心线距离。

(2)墙体计算高度h_w,取托梁顶面上一层墙体高度,当$h_w > l_0$时,取$h_w = l_0$。墙体计算高度仅取一层层高是偏于安全的,分析表明,当$h_w > l_0$时,主要是$h_w = l_0$范围内的墙体参与组合作用。

(3)梁跨中截面计算高度H_0,由于托梁中轴拉力作用于托梁中心,取$H_0 = h_w + 0.5h_b$。

(4)墙计算宽度b_f,根据试验和弹性分析并偏于安全取窗间墙宽度或横墙间距的2/3,且每边不大于$3.5h$(h为墙体厚度)和$l_0/6$。

2. 连续墙梁(图5-3)

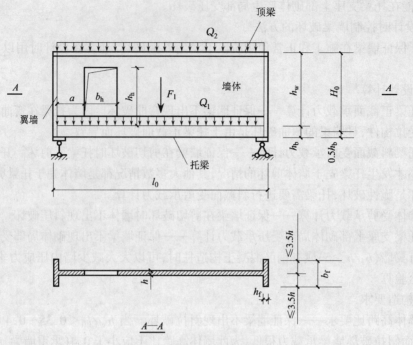

图 5-2　简支墙梁的计算简图

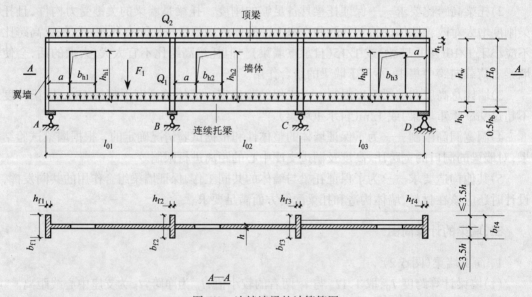

图 5-3　连续墙梁的计算简图

(1)墙梁计算跨度 l_{0i}，取 $1.1l_{ni}$ 与 l_{ci} 两者的较小值；l_{ni} 为净跨，l_{ci} 为支座中心线距离。

(2)墙体计算高度 h_w，取托梁顶面上一层墙体高度，当 $h_w > l_0$ 时，取 $h_w = l_0$（l_0 取各跨的平均值）。

(3)墙梁跨中截面计算高度 H_0，取 $H_0 = h_w + 0.5h_b$。

(4)翼墙计算宽度 b_f，取窗间墙宽度或横墙间距的 2/3，且每边不大于 $3.5h$（h 为墙体厚度）和 $l_0/6$。

3. 框支墙梁(图 5-4)

(1)墙梁计算跨度 $l_0(l_{0i})$,取框架柱中心线间的距离 $l_c(l_{ci})$。

(2)墙体计算高度 h_w,取托梁顶面上一层墙体高度,当 $h_w > l_0$ 时,取 $h_w = l_0$(对多跨框支墙梁,l_0 取各跨的平均值)。

(3)墙梁跨中截面计算高度 H_0,取 $H_0 = h_w + 0.5h_b$。

(4)翼墙计算宽度 b_f,取窗间墙宽度或横墙间距的 $2/3$,且每边不大于 $3.5h$(h 为墙体厚度)和 $l_0/6$。

(5)框架柱计算高度 H_c,取 $H_c = H_{cn} + 0.5h_b$;H_{cn} 为框架柱的净高,取基础顶面至托梁底面的距离。

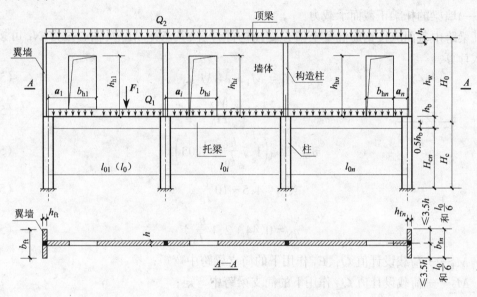

图 5-4 框支墙梁的计算简图

四、墙梁上的荷载

1. 使用阶段墙梁上的荷载

(1)承重墙梁

1)托梁顶面的荷载设计值 Q_1、F_1,取托梁自重及本层楼盖的恒荷载和活荷载。承重墙梁在托梁顶面荷载作用下不考虑组合作用,仅在墙梁顶面荷载作用下考虑组合作用,偏于安全。

2)墙梁顶面的荷载设计值 Q_2,取托梁以上各层墙体自重,以及墙梁顶面以上各层楼(屋)盖的恒荷载和活荷载;集中荷载可沿作用的跨度近似化为均布荷载。

有限元分析及 2 个内层带翼墙的墙梁试验表明,当 $b_f/l_0 = 0.13 \sim 0.3$ 时,在墙梁顶面已有 $30\% \sim 50\%$ 上部楼面荷载传至翼墙。墙梁支座处的落地混凝土构造柱同样可以分担 $35\% \sim 65\%$ 的楼面荷载。但设计时不考虑上部楼面荷载的折减,仅在墙体受剪和局压计算中考虑翼墙的有利作用,以提高墙梁的可靠度,并简化计算。

$1 \sim 3$ 跨 7 层框支墙梁的有限元分析表明,墙梁顶面以上各层集中力可按作用的跨度近似化为均布荷载(一般不超过该层该跨荷载的 30%),这种简化计算方法是安全可靠的。

(2)自承重墙梁

墙梁顶面的荷载设计值 Q_2,取托梁自重及托梁以上墙体自重。

2．施工阶段墙梁上的荷载

(1)托梁自重及本层楼盖的恒荷载。

(2)本层楼盖的施工荷载。

(3)墙体自重。由于托梁和墙梁共同工作产生的内拱作用,当墙体砌筑到一定高度时,托梁的变形趋于稳定,由实测结果,可取高度为 $l_{0\max}/3$ 的墙体自重。开洞时尚应按洞顶以下实际分布的墙体自重复核。

五、简支墙梁的承载力

(一)墙梁的托梁正截面承载力

托梁跨中截面应按钢筋混凝土偏心受拉构件计算,其弯矩 M_b 及轴心拉力 N_{bt} 可按下列公式计算:

$$M_b = M_1 + \alpha_M M_2 \tag{5-1}$$

$$N_{bt} = \eta_N \frac{M_2}{H_0} \tag{5-2}$$

$$\alpha_M = \psi_M \left(1.7 \frac{h_b}{l_0} - 0.03\right) \tag{5-3}$$

$$\psi_M = 4.5 - 10 \frac{a}{l_0} \tag{5-4}$$

$$\eta_N = 0.44 + 2.1 \frac{h_w}{l_0} \tag{5-5}$$

式中 M_1——荷载设计值 Q_1、F_1 作用下的简支梁跨中弯矩;

M_2——荷载设计值 Q_2 作用下的简支梁跨中弯矩;

α_M——考虑墙梁组合作用的托梁跨中弯矩系数,按公式(5-3)计算,但对自承重简支墙梁应乘以 0.8;当公式(5-3)中的 $\frac{h_b}{l_0} > \frac{1}{6}$ 时,取 $\frac{h_b}{l_0} = \frac{1}{6}$;

η_N——考虑墙梁组合作用的托梁跨中轴力系数,按公式(5-5)计算,但对自承重简支墙梁应乘以 0.8;式中,当 $\frac{h_w}{l_0} > 1$ 时,取 $\frac{h_w}{l_0} = 1$;

ψ_M——洞口对托梁弯矩的影响系数,对无洞口墙梁取 1.0,对有洞口墙梁按公式(5-4)计算;

a——洞口边至墙梁最近支座的距离,当 $a > 0.35 l_0$ 时,取 $a = 0.35 l_0$。

(二)墙梁的托梁斜截面受剪承载力计算

墙梁的托梁斜截面受剪承载力应按钢筋混凝土受弯构件计算,其剪力 V_b 按下式计算:

$$V_b = V_1 + \beta_V V_2 \tag{5-6}$$

式中 V_1——荷载设计值 Q_1、F_1 作用下简支梁支座边剪力;

V_2——荷载设计值 Q_2 作用下简支梁支座边剪力;

β_V——考虑组合作用的托梁剪力系数,无洞口墙梁取 0.6;有洞口墙梁取 0.7。对自承重墙梁,无洞口时取 0.45,有洞口时取 0.5。

(三)墙体受剪承载力计算

简支墙梁的墙体受剪承载力,按下式计算:

$$V_2 \leqslant \xi_1 \xi_2 \left(0.2 + \frac{h_b}{l_0} + \frac{h_t}{l_0}\right) f h h_w \tag{5-7}$$

式中 V_2——在荷载设计值 Q_2 作用下墙梁支座边剪力的最大值,$V_b = V_1 + \beta_V V_2$;

ξ_1——翼墙或构造柱影响系数,对单层墙梁取 1.0,对多层墙梁,当 $\frac{b_f}{h} = 3$ 时取 1.3,当 $\frac{b_f}{h} = 7$ 或设置构造柱时取 1.5;当 $3 < \frac{b_f}{h} < 7$ 时,按线性插入取值;

ξ_2——洞口影响系数,无洞口墙梁取 1.0,多层有洞口墙梁取 0.9,单层有洞口墙梁取 0.6;

h_t——墙梁顶面圈梁截面高度。

(四)托梁支座上部砌体局部受压承载力计算

托梁支座上部砌体局部受压承载力应按下列公式计算:

$$Q_2 \leqslant \zeta f h \tag{5-8}$$

$$\zeta = 0.25 + 0.08 \frac{b_f}{h} \tag{5-9}$$

式中 ζ——局压系数,当 $\zeta > 0.81$ 时,取 $\zeta = 0.81$。

当 $b_f/h \geqslant 5$ 或墙梁支座处设置上、下贯通的落地构造柱时可不验算局部受压承载力。

(五)施工阶段托梁的承载力验算

托梁应按混凝土受弯构件进行施工阶段的受弯、受剪承载力验算,作用在托梁上的荷载可按本节四之 2 的方法确定。

六、连续及框支墙梁的承载力

(一)墙梁的托梁正截面承载力

1. 托梁跨中截面应按钢筋混凝土 b_0 偏心受拉构件计算,其弯矩 M_{bi} 及轴心拉力 N_{bti} 可按下列公式计算:

$$M_{bi} = M_{1i} + \alpha_M M_{2i} \tag{5-10}$$

$$N_{bti} = \eta_N \frac{M_{2i}}{H_0} \tag{5-11}$$

$$\alpha_M = \psi_M \left(2.7 \frac{h_b}{l_{0i}} - 0.08\right) \tag{5-12}$$

$$\psi_M = 3.8 - 8 \frac{a_i}{l_{0i}} \tag{5-13}$$

$$\eta_N = 0.8 + 2.6 \frac{h_w}{l_{0i}} \tag{5-14}$$

式中 M_{1i}——荷载设计值 Q_1、F_1 作用下的连续梁或框架分析的托梁各跨跨中最大弯矩;

M_{2i}——荷载设计值 Q_2 作用下的连续梁或框架分析的托梁各跨跨中弯矩中的最大值;

α_M——考虑墙梁组合作用的托梁跨中弯矩系数,按公式(5-12)计算,但对自承重简支墙梁应乘以0.8；当公式(5-12)中的$\frac{h_b}{l_{0i}} > \frac{1}{7}$时，取$\frac{h_b}{l_{0i}} = \frac{1}{7}$；

η_N——考虑墙梁组合作用的托梁跨中轴力系数，按公式(5-14)计算，但对自承重简支墙梁应乘以0.8；式中，当$\frac{h_w}{l_{0i}} > 1$时，取$\frac{h_w}{l_{0i}} = 1$；

ψ_M——洞口对托梁弯矩的影响系数，对无洞口墙梁取1.0，对有洞口墙梁可按公式(5-13)计算；

a_i——洞口边至墙梁最近支座的距离，当$a_i > 0.35 l_{0i}$时，取$a_i = 0.35 l_{0i}$。

2．托梁支座截面应按钢筋混凝土受弯构件计算，其弯矩M_{bj}可按下列公式计算：

$$M_{bj} = M_{1j} + \alpha_M M_{2j} \tag{5-15}$$

$$\alpha_M = 0.75 - \frac{a_i}{l_{0i}} \tag{5-16}$$

式中　M_{1j}——荷载设计值Q_1、F_1作用下按连续梁或框架分析的托梁支座弯矩；

M_{2j}——荷载设计值Q_2作用下按连续梁或框架分析的托梁支座弯矩；

α_M——考虑组合作用的托梁支座弯矩系数，无洞口墙梁取0.4，有洞口墙梁可按公式(5-16)计算，当支座两边的墙体均有洞口时，a_i取较小值。

(二)墙梁的托梁斜截面受剪承载力计算

墙梁的托梁斜截面受剪承载力应按钢筋混凝土受弯构件计算，其剪力V_{bj}可按下式计算：

$$V_{bj} = V_{1j} + \beta_V V_{2j} \tag{5-17}$$

式中　V_{1j}——荷载设计值Q_1、F_1作用下按连续梁或框架分析的托梁支座边剪力或简支梁支座边剪力；

V_{2j}——荷载设计值Q_2作用下按连续梁或框架分析的托梁支座边剪力或简支梁支座边剪力；

β_V——考虑组合作用的托梁剪力系数，无洞口墙梁边支座取0.6，中支座取0.7；有洞口墙梁边支座取0.7，中支座取0.8。对自承重墙梁，无洞口时取0.45，有洞口时取0.5。

(三)墙体受剪承载力计算

墙梁的墙体受剪承载力，应按下式计算：

$$V_2 \leqslant \xi_1 \xi_2 \left(0.2 + \frac{h_b}{l_{0i}} + \frac{h_t}{l_{0i}}\right) f h h_w \tag{5-18}$$

式中　V_2——在荷载设计值Q_2作用下墙梁支座边剪力的最大值；

ξ_1——翼墙或构造柱影响系数，对单层墙梁取1.0，对多层墙梁，当$\frac{b_f}{h} = 3$时取1.3，当$\frac{b_f}{h} = 7$或设置构造柱时取1.5；当$3 < \frac{b_f}{h} < 7$时，按线性插入取值；

ξ_2——洞口影响系数，无洞口墙梁取1.0，多层有洞口墙梁取0.9，单层有洞口墙梁取0.6；

h_t——墙梁顶面圈梁截面高度。

(四)托梁支座上部砌体局部受压承载力计算

同简支墙梁的计算方法。

(五)施工阶段托梁的承载力验算

同简支墙梁的计算方法。

(六)框支墙梁钢筋混凝土柱的承载力计算

框支墙梁钢筋混凝土柱的正截面承载力应按混凝土偏心受压构件计算,框架柱的弯矩计算不考虑墙梁组合作用,采用一般结构力学方法分析框架内力,其弯矩 M_C 和轴力 N_C 按下列公式计算:

$$M_C = M_{1C} + M_{2C} \tag{5-19}$$

$$N_C = N_{1C} + \eta_N N_{2C} \tag{5-20}$$

式中 M_{1C}——荷载设计值 Q_1、F_1 作用下按框架分析的柱弯矩;

N_{1C}——荷载设计值 Q_1、F_1 作用下按框架分析的柱轴力;

M_{2C}——荷载设计值 Q_2 作用下按框架分析的柱弯矩;

N_{2C}——荷载设计值 Q_2 作用下按框架分析的柱轴力;

η_N——考虑墙梁组合作用的托梁跨中轴力系数,单跨框支墙梁的边柱和多跨框支墙梁的中柱取 1.0;多跨框支墙梁的边柱当轴压力增大不利时取 1.2,当轴压力增大有利时取 1.0。

【例题 5-1】 某五层综合商务办公楼,底层为展销大厅和商业用房,上面各层为办公用房,楼、屋面板采用预应力空心板,屋面采用 40mm 厚配筋细石混凝土面层、20mm 厚石灰砂浆隔离层、煤渣混凝土垫层找坡(2%)。由于展销大厅需设计为大统间,上部部分横墙不能落地,故这部分横墙采用墙梁结构。房屋底层和楼层平面见图 5-5、图 5-6,剖面图见图 5-7,且属刚性方案建筑。试设计该墙梁。

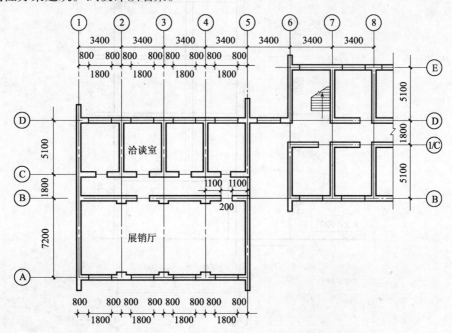

图 5-5 某综合商务办公楼底层平面图

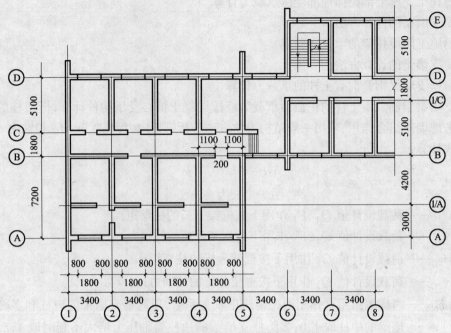

图 5-6 某综合商务办公楼楼层平面图

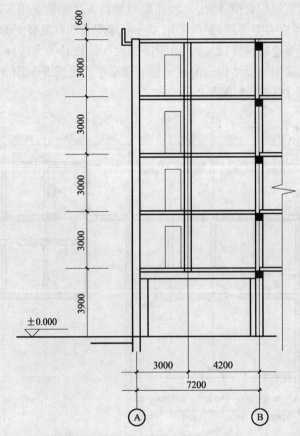

图 5-7 某综合商务办公楼剖面图

【解】
一、材料及截面尺寸确定

托梁和墙体材料初步选定如下：

钢筋混凝土托梁：$b_b = 250mm$，$h_b = 1/10 l_0$，混凝土为 C30（$f_c = 13.4MPa$、$f_t = 1.43MPa$），托梁纵筋采用 HRB335 钢筋（$f_y = f'_y = 300MPa$），箍筋采用 HRB225 钢筋（$f_y = f'_y = 210MPa$）。

托梁上方一层墙体：采用一砖实砌，施工质量控制等级为 B 级，MU10 页岩砖，M10 水泥混合砂浆（$f = 1.89MPa$），其余各层墙体可取 M2.5～M5 水泥混合砂浆。

为了提高墙梁的受力工作性能，自底层至顶层，在纵横墙相交处设置 $240 \times 240 mm^2$ 钢筋混凝土构造柱，在二层楼盖处设置 $240 \times 240 mm^2$ 钢筋混凝土圈梁。

本例有二种类型的墙梁，③轴、④轴为无洞口墙梁，②轴为有洞口墙梁，需分别进行计算。

墙梁计算有五部分内容：

1. 托梁正截面承载力计算，主要计算托梁承受的轴拉力和弯矩，按偏心受拉构件设计托梁的配筋；
2. 斜截面承载力计算；
3. 施工阶段托梁承载力核算；
4. 墙体抗剪强度验算；
5. 墙体局部受压强度验算。

除了以上计算外，尚需注意有关构造要求。

二、③、④轴墙梁(无洞口)

(一)计算简图(图 5-8)

墙梁净跨 $l_n = 7200 - 490 \times 2 = 6220mm$，

墙梁支座中心距 $l_c = 7200 + 240 - 460 = 6980mm$，

墙梁计算跨度 $l_0 = 1.05 l_n = 6531 < l_c$，托梁高 $h_b = \frac{1}{10} l_0 = \frac{1}{10} \times 6531 = 653.1mm$，取 $h_b = 700mm$，

墙体计算高度 $h_w = 3000 - 120 = 2880mm$，(120 为楼板厚度)

墙梁计算高度 $H_0 = 0.5 h_b + h_w = 0.5 \times 700 + 2880 = 3230mm$，

翼墙计算宽度 $b_f = 1600mm < 7h = 7 \times 240 = 1680mm$，

$$b_f = 1600mm < \frac{1}{3} l_0 = \frac{1}{3} \times 6531 = 2176mm，$$

墙体总高度：$2.88 + 3 \times 3 = 11.88 < 18m$，

$\frac{h_w}{l_0} = \frac{2880}{6531} = 0.441 > 0.4$，即可保证墙体不出现斜拉破坏。

(二)墙梁荷载计算

1. 屋面恒载

40mm 厚配筋细石混凝土面层   0.96kN/m²

20mm 厚石灰砂浆隔离层   0.34kN/m²

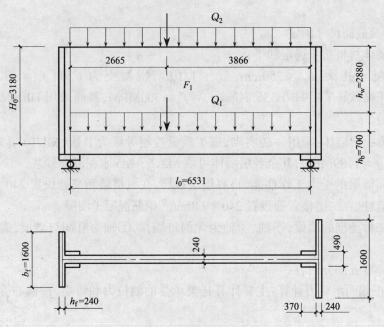

图 5-8 ③、④轴墙梁计算简图

煤渣混凝土垫层找坡(2%)   0.91kN/m²

120mm 厚圆孔板(含灌缝、板底及板面粉刷) $\dfrac{2.9 \text{kN/m}^2}{5.11 \text{kN/m}^2}$

线荷载 $g_k = 5.11 \times 3.4 = 17.37 \text{kN/m}$

2．楼面恒载

120mm 厚圆孔板(含灌缝、板底、板面粉刷)   2.9kN/m²

1/A 轴上隔墙重   26.68kN

线荷载 $g_k = 2.9 \times 3.4 + 26.68/6.531 = 13.95 \text{kN/m}$

3．托梁以上墙体自重荷载 $5.24 \times 2.88 \times 4 = 60.36 \text{kN/m}$

4．托梁自重荷载 $25 \times 0.25 \times 0.7 + 20 \times (0.25 + 0.7 \times 2) \times 0.015 = 4.56 \text{kN/m}$

5．楼、屋面活载

屋面活载 $0.5 \text{kN/m}^2 \times 3.4 \text{m} = 1.7 \text{kN/m}$

楼面活载 $2.0 \text{kN/m}^2 \times 3.4 \text{m} = 6.8 \text{kN/m}$

6．墙梁上的荷载

托梁顶面的荷载设计值 Q_1 为托梁自重、本层楼盖的恒荷载和活荷载。根据第二章第一节所述，对于墙梁的荷载效应组合，应按式(2-5)及式(2-7)分别计算，最后取其中最不利组合设计。

由式(2-5) $Q_1^{(1)} = 1.2 \times (4.56 + 2.9 \times 3.4) + 1.4 \times 2.0 \times 3.4 = 26.82 \text{kN/m}$

由式(2-7) $Q_1^{(2)} = 1.35 \times (4.56 + 2.9 \times 3.4) + 1.4 \times 2.0 \times 0.7 \times 3.4 = 26.13 \text{kN/m}$

托梁顶面隔墙集中荷载 $F_1^{(1)} = 1.2 \times 26.68 = 32.02 \text{kN}$

                       $F_1^{(2)} = 1.35 \times 26.68 = 36.02 \text{kN}$

墙梁顶面的荷载设计值 Q_2，取托梁以上各层墙体自重、隔墙荷载的等效均布荷载、墙梁顶面以上各层楼(层)盖的恒荷载和活荷载。

由式(2-5)
$$Q_2^{(1)} = 1.2 \times (60.36 + 17.37 + 3 \times 13.95) + 1.4 \times (1.7 + 3 \times 6.8)$$
$$= 1.2 \times 119.58 + 1.4 \times 22.1 = 174.44 \text{kN/m}$$

由式(2-7)
$$Q_2^{(2)} = 1.35 \times (60.36 + 17.37 + 3 \times 13.95) + 1.4 \times 0.7 \times (1.7 + 3 \times 6.8)$$
$$= 1.35 \times 119.58 + 1.4 \times 0.7 \times 22.1 = 183.09 \text{kN/m}$$

经过比较,最后取第二组荷载组合值,即取 $Q_1 = 26.13$ kN/m, $F_1 = 36.02$ kN, $Q_2 = 183.09$ kN/m,进行计算。

(三)使用阶段墙梁的承载力验算

1. 托梁正截面承载力计算

(1)托梁跨中截面内力计算

$$M_1 = \frac{1}{8} \times Q_1 \times l^2 + F_1 \frac{2.665}{l_0} \cdot \frac{l_0}{2} = \frac{1}{8} \times 26.13 \times 6.531^2 + 36.02 \times \frac{2.665}{2} = 187.31 \text{kN} \cdot \text{m}$$

$$M_2 = \frac{1}{8} \times Q_2 \times l^2 = \frac{1}{8} \times 183.09 \times 6.531^2 = 976.20 \text{kN} \cdot \text{m}$$

对无洞口墙梁取洞口对托梁弯矩的影响系数 $\psi_M = 1.0$,则由公式(5-1)~公式(5-5)得

$$\alpha_M = \Psi_M (1.7 h_b / l_{01} - 0.03) = 1.0 \times (1.7 \times 0.7 / 6.531 - 0.03) = 0.152$$
$$\eta_N = 0.44 + 2.1 \times h_w / l_{01} = 0.44 + 2.1 \times 2.88 / 6.531 = 1.366$$
$$M_b = M_1 + \alpha_M M_2 = 187.31 + 0.152 \times 976.20 = 335.69 \text{kN/m}$$
$$N_{bt} = \eta_N M_2 / H_0 = 1.366 \times 976.20 / 3.23 = 412.84 \text{kN}$$

(2)托梁按钢筋混凝土偏心受拉构件计算

$$e_0 = M_b / N_{bt} = 335.69 / 412.84 = 0.813 \text{m} > h_b / 2 - a_s = 0.315 \text{m}$$

偏拉荷载作用在 A_s、A_s' 之外,属于大偏心受拉构件,则

$$e = e_0 - h_b / 2 + a_s = 0.813 - 0.7/2 + 0.035 = 0.498 \text{m}$$
$$e' = e_0 + h_b / 2 - a_s = 0.813 + 0.7/2 - 0.035 = 1.228 \text{m}$$

C30 混凝土,HRB 级钢筋的界限相对受压区高度 $\xi_b = 0.55$,令 $\xi = \xi_b = 0.55$

则

$$A_s' = \frac{N_{bt} e - \alpha_1 f_c b h_0^2 \xi_b (1 - 0.5 \xi_b)}{f_y' (h_0 - a_s')} \quad (\alpha_1 = 1.0)$$

$$= \frac{412840 \times 498 - 14.3 \times 250 \times 665^2 \times 0.55 \times (1 - 0.5 \times 0.55)}{300 \times (665 - 35)}$$

$$< 0$$

取 $A_s' = 0.002bh = 0.002 \times 250 \times 700 = 350 \text{mm}^2$

选用 $3 \Phi 16 (603 \text{mm}^2)$,满足要求。

按 A_s' 已知,重新计算 ξ

$$\xi = 1 - \sqrt{1 - \frac{N_{bt} e - f_y' A_s' (h_0 - a_s')}{0.5 f_c b h_0^2}}$$

$$= 1 - \sqrt{1 - \frac{412840 \times 498 - 300 \times 603(665 - 35)}{0.5 \times 14.3 \times 250 \times 665^2}}$$
$$= 0.06 < 2a'_s/h_0 = 0.105$$

受压钢筋 A'_s 不屈服,取 $x = 2a'_s$,按下式计算:

$$A_s = \frac{N_{bt}e'}{f_y(h'_0 - a_s)} = \frac{412840 \times 1228}{300 \times (665 - 35)} = 2463.9 \text{mm}^2$$

选配 $4\Phi 28(2463\text{mm}^2)$,跨中截面纵向受力钢筋总的配筋率 $\rho = (2463 + 603)/(250 \times 665) = 1.84\% > 0.6\%$(最小配筋率),所配钢筋满足要求。

由于托梁端部会产生负弯矩,托梁端部配筋 $A'_s > A_s/3 = 2463 \times 1/3 = 821\text{mm}^2$,配 $5\Phi 16(A'_s = 1005\text{mm}^2)$ 满足要求。

2. 托梁的斜截面受剪承载力计算

在 Q_1、Q_2 作用下,托梁边支座面最大剪力分别为:

$$V_1 = \frac{1}{2}Q_1 l_n + \frac{3.866F_1}{l_n} = 0.50 \times 26.13 \times 6.22 + \frac{3.866 \times 36.02}{6.22} = 103.66 \text{kN}$$

$$V_2 = \frac{1}{2}Q_2 l_n = 0.50 \times 183.09 \times 6.22 = 569.41 \text{kN}$$

由式(5-6),对无洞口墙梁边支座取 $\beta_V = 0.6$,则

$$V_b = V_1 + \beta_V V_2 = 103.66 + 0.6 \times 569.41 = 445.30 \text{kN}$$
$$< 0.25 f_c bh_0 = 0.25 \times 14.3 \times 250 \times 665 \times 10^{-3} = 594.34 \text{kN} \quad (\text{截面尺寸满足要求})$$
$$> 0.7 f_t bh_0 = 0.7 \times 1.43 \times 250 \times 665 \times 10^{-3} = 166.42 \text{kN} \quad (\text{截面应按计算配置箍筋})$$

由 $V_b \leq 0.7 f_t bh_0 + 1.25 f_{yv} \frac{A_{sv}}{s} h_0$

得 $\frac{A_{sv}}{s} \geq \frac{V_b - 0.7 f_t bh_0}{1.25 f_{yv} h_0} = \frac{445300 - 166420}{1.25 \times 210 \times 665} = 1.597 \text{mm}$

选用双支箍筋 $\phi 10@100 (\frac{A_{sv}}{s} = 1.57)$,且 $\rho_{sv} = \frac{A_{sv}}{bs} = \frac{157}{250 \times 100} = 0.00628 > 0.24 \frac{f_t}{f_{yv}} = 0.24 \times \frac{1.43}{210} = 0.00163$,满足要求,并满足箍筋最小直径 $\phi 6$ 和最大间距 200mm 的要求。

3. 墙梁受剪承载力的验算

因墙梁两端设置了钢筋混凝土构造柱,故取 $\xi_1 = 1.5$,对无洞口墙梁 $\xi_2 = 1.0$,根据公式(5-7)有

$$\xi_1 \xi_2 \left(0.2 + \frac{h_b}{l_0} + \frac{h_t}{l_0}\right) fhh_w = 1.5 \times 1.0 \times (0.2 + 0.6/6.531 + 0.24/6.531)$$
$$\times 1.89 \times 240 \times 2.88$$
$$= 644 \text{kN} > V_2 = 569.41 \text{kN},满足要求。$$

4. 托梁支座上部砌体局部受压承载力验算

因墙梁两端设置了钢筋混凝土构造柱,不需要对托梁上部砌体局部受压作验算。

(四)施工阶段托梁的承载力验算

1. 托梁上的荷载

施工阶段托梁上荷载 = 托梁自重 + 本层楼盖恒载 + 本层楼盖的施工荷载(近似按楼盖

活载取用)+托梁上墙体自重(取 $l_0/3$ 高度范围内墙重)

由式(2-5) $Q_1^{(1)} = 26.82 + 1.2 \times 5.24 \times 6.531 \times \frac{1}{3} = 40.52 \text{kN/m}$

由式(2-7) $Q_1^{(2)} = 26.13 + 1.35 \times 5.24 \times 6.531 \times \frac{1}{3} = 41.53 \text{kN/m}$

取 $Q_1 = 41.53 \text{kN/m}$

F_1:托梁顶面轻质隔墙一般是后施工,在这里不考虑其作用。

2. 托梁正截面受弯承载力验算

墙梁在 Q_1 作用下的跨中的最大弯矩

$$M_1 = \frac{1}{8} Q_1 l^2 = 0.125 \times 41.53 \times 6.531^2 = 221.43 \text{kN·m}$$

$$\alpha_s = \frac{M_1}{f_c b h_0^2} = \frac{221.43 \times 10^6}{14.3 \times 250 \times 665^2} = 0.14,$$

$$\xi = 1 - \sqrt{1 - \alpha_s} = 1 - \sqrt{1 - 0.14} = 0.073$$

$$A_s = \frac{f_c b h_0 \xi}{f_y} = \frac{14.3 \times 250 \times 665 \times 0.073}{300} = 579 \text{mm}^2$$

使用阶段托梁配筋 $4\Phi 28 (2463 \text{mm}^2)$,大于施工阶段钢筋面积,满足施工阶段的荷载要求。

3. 托梁斜截面承载力验算

墙梁在 Q_1 作用下的最大剪力为:

$$V_1 = 1/2 \times Q_1 l_n = 0.5 \times 41.53 \times 6.22 = 129.15 \text{kN}$$

$0.7 f_t b h_0 = 0.7 \times 1.43 \times 300 \times 565 = 169.7 \text{kN} > V_1$,只需按构造配箍,故所配箍筋满足要求。

(五)墙梁构造措施及托梁配筋图

1. 为保证托梁与墙体的整体连接,托梁采用花篮梁断面(计算截面仍取矩形),或者二层楼面采用现浇钢筋混凝土,施工时托梁与墙体间应仔细满铺砂浆。

2. 托梁端部 $\frac{l_0}{4}$ 范围内配置的负筋不小于跨中下部钢筋面积的 $1/3$。

3. 墙梁顶面设圈梁一道(240mm×240mm 断面,配 $4\Phi 12$ 钢筋),纵横向拉通。

4. 施工时翼墙必须与墙梁墙体同时砌筑;托梁模板支撑必须待混凝土及梁上墙体达到设计强度的 75% 时方可拆除。

5. 托梁配筋见图 5-9。

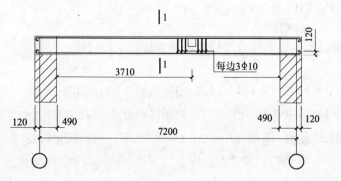
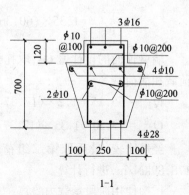

图 5-9 ③、④轴托梁配筋图

三、②轴墙梁(有洞口)

(一)计算简图及荷载计算

简图尺寸及荷载计算参见③、④轴墙梁,惟一不同之处是,墙上开洞后,墙重简化为等效均布荷载,如图5-10。

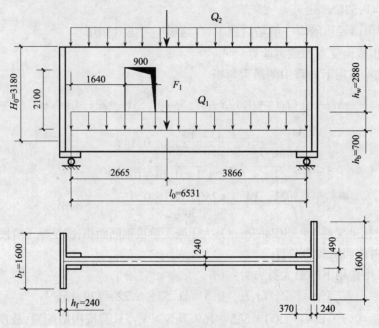

图5-10 ②轴墙梁计算简图

托梁顶面的荷载设计值 Q_1 为托梁自重、本层楼盖的恒荷载和活荷载。

由式(2-5) $Q_1^{(1)} = 1.2 \times (4.56 + 2.9 \times 3.4) + 1.4 \times 2.0 \times 3.4 = 26.82 \text{kN/m}$

由式(2-7) $Q_1^{(2)} = 1.35 \times (4.56 + 2.9 \times 3.4) + 1.4 \times 2.0 \times 0.7 \times 3.4 = 26.13 \text{kN/m}$

托梁顶面集中荷载 $F_1^{(1)} = 1.2 \times 26.68 = 32.02 \text{kN}$

$F_1^{(2)} = 1.35 \times 26.68 = 36.02 \text{kN}$

托梁以上各层墙体自重:

$$g_w^{(1)} = \frac{1.2 \times (60.36 \times 6.531 - 0.9 \times 2.1 \times 5.24 \times 4)}{6.531} = 65.15 \text{kN/m}$$

$$g_w^{(2)} = \frac{1.35 \times (60.36 \times 6.531 - 0.9 \times 2.1 \times 5.24 \times 4)}{6.531} = 73.30 \text{kN/m}$$

墙梁顶面的设计值 Q_2,取托梁以上各层墙体自重以及墙梁顶面以上各层楼(层)盖的恒荷载和活荷载。

$Q_2^{(1)} = 65.15 + 1.2 \times (17.37 + 3 \times 13.95) + 1.4 \times (1.7 + 3 \times 6.8) = 170.86 \text{kN/m}$

$Q_2^{(2)} = 73.30 + 1.35 \times (17.37 + 3 \times 13.95) + 1.4 \times (1.7 + 3 \times 6.8) \times 0.7 = 178.89 \text{kN/m}$

经过比较,最后取第二组荷载组合值,即取 $Q_1 = 26.13 \text{kN/m}$,$F_1 = 36.02 \text{kN}$,$Q_2 = 178.89 \text{kN/m}$,进行计算。

(二)使用阶段承载力验算

1. 托梁正截面抗弯承载力计算
(1)托梁跨中截面内力计算

$$M_1 = \frac{1}{8}Q_1 l_0^2 + F_1 \frac{2.665}{l_0} \cdot \frac{l_0}{2} = \frac{1}{8} \times 26.13 \times 6.531^2 + 36.02 \times \frac{2.665}{2} = 187.32 \text{kN·m}$$

$$M_2 = \frac{1}{8}Q_2 l_0^2 = \frac{1}{8} \times 178.89 \times 6.531^2 = 953.80 \text{kN·m}$$

对有洞口墙梁由公式(5-1、5-2、5-3、5-4、5-5)得

$$\psi_M = 4.5 - 10\frac{a}{l_0} = 4.5 - 10 \times \frac{1.64}{6.531} = 1.989$$

($a = 1.64\text{m} < 0.35 l_0 = 0.35 \times 6.531 = 2.286\text{m}$,故取 $a = 1.64\text{m}$)

$$\alpha_M = \psi_M(1.7 h_b/l_0 - 0.03) = 1.989 \times (1.7 \times 0.7/6.531 - 0.03) = 0.302$$

$$\eta_N = 0.44 + 2.1 \times h_w/l_0 = 0.44 + 2.1 \times 2.88/6.531 = 1.366$$

$$M_b = M_1 + \alpha_M M_2 = 187.32 + 0.302 \times 953.80 = 475.37 \text{kN/m}$$

$$N_{bt} = \eta_N M_2/H_0 = 1.366 \times 953.80/3.23 = 403.37 \text{kN}$$

(2)托梁按钢筋混凝土偏心受拉构件计算

$$e_0 = M_b/N_{bt} = 475.37/403.37 = 1.178\text{m} > h_b/2 - a_s = 0.315\text{m}$$

偏拉荷载作用在 A_s、A'_s 之外,属于大偏心受拉构件($\frac{a}{l_0} = \frac{1640}{6531} = 0.25$,一般当$\frac{a}{l_0} \leq \frac{1}{4}$,托梁发生大偏拉破坏)

$$e = e_0 - h_b/2 + a_s = 1.178 - 0.7/2 + 0.035 = 0.863\text{m}$$

C30 混凝土,HRB335 钢筋的界限相对受压区高度 $\xi_b = 0.55$,令 $\xi = \xi_b = 0.55$,则

$$A'_s = \frac{N_{bt} e - \alpha_1 f_c b h_0^2 \xi_b(1 - 0.5\xi_b)}{f'_y(h_0 - a'_s)} \quad (\alpha_1 = 1.0)$$

$$= \frac{403370 \times 863 - 14.3 \times 205 \times 665^2 \times 0.55 \times (1 - 0.5 \times 0.55)}{300 \times (665 - 35)}$$

$$< 0$$

取 $A'_s = 0.002bh = 0.002 \times 250 \times 700 = 350 \text{mm}^2$

选用 $3\Phi16(603\text{mm}^2$,通长),满足要求。

$$\alpha_s = \frac{N_{bt} e - f'_y A'_s(h_0 - a'_s)}{f_c b h_0^2} = \frac{403370 \times 863 - 300 \times 603(665 - 35)}{14.3 \times 250 \times 665^2}$$

$$= 0.148 > 2a'_s/h_0 = 2 \times 35/665 = 0.105$$

$$\xi = 1 - \sqrt{1 - 2\alpha_s} = 1 - \sqrt{1 - 2 \times 0.148} = 0.157$$

$$A_s = \frac{N_{bt} + f_c b h_0 \xi + f'_y A'_s}{f_y}$$

$$= \frac{403370 + 14.3 \times 250 \times 665 \times 0.157 + 300 \times 603}{300}$$

$$= 3192 \text{mm}^2$$

选配 $7\Phi25(3436\text{mm}^2$,双排),跨中截面纵向受力钢筋总的配筋率

$\rho = 3436/(250 \times 665) = 2.10\% > 0.6\%$(最小配筋率),所配钢筋满足要求。

由于托梁端部会产生负弯矩,故在托梁上部两端 $1/4 l_0$ 范围内,增加 $3\Phi16(603\text{mm}^2)$,

使得端部 $A'_s = 603 + 603 = 1206 \text{mm}^2 > A_s/3 = 3436/3 = 1145 \text{mm}^2$，满足要求。

2. 托梁的斜截面受剪承载力计算

$$V_1 = \frac{1}{2}Q_1 l_n + \frac{3.866 F_1}{l_n} = 0.50 \times 26.13 \times 6.22 + \frac{3.866 \times 36.02}{6.22} = 103.65 \text{kN}$$

$$V_2 = \frac{1}{2}Q_2 l_n = 0.50 \times 178.89 \times 6.22 = 556.35 \text{kN}$$

由式(5-6)，对有洞口墙梁边支座取 $\beta_v = 0.7$，则

$V_b = V_1 + \beta_v V_2 = 103.65 + 0.7 \times 556.35 = 493.10 \text{kN}$

$< 0.25 f_c b h_0 = 0.25 \times 14.3 \times 250 \times 665 \times 10^{-3} = 594 \text{kN}$（截面尺寸满足要求）

$> 0.7 f_t b h_0 = 0.7 \times 1.43 \times 250 \times 665 \times 10^{-3} = 166 \text{kN}$（截面应按计算配置箍筋）

$$V_b \leqslant 0.7 f_t b h_0 + 1.25 f_{yv} \frac{A_{sv}}{s} h_0$$

得 $\dfrac{A_{sv}}{s} \geqslant \dfrac{V_b - 0.7 f_t b h_0}{1.25 f_{yv} h_0} = \dfrac{493100 - 0.7 \times 1.43 \times 250 \times 665}{1.25 \times 210 \times 665} = 1.87 \text{mm}$

选用四肢箍筋 $\phi 8@100$ ($\dfrac{A_{sv}}{s} = \dfrac{201}{100} = 2.01$)，且 $\rho_{sv} = \dfrac{A_{sv}}{bs} = \dfrac{201}{250 \times 100} = 0.00804 > 0.24 \dfrac{f_t}{f_{yv}} = 0.24 \times \dfrac{1.43}{210} = 0.00163$，满足要求，并满足箍筋最小直径 $\phi 6$ 和最大间距 200mm 的要求。

3. 墙体受剪承载力的验算

因墙梁两端设置了钢筋混凝土构造柱，故取 $\xi_1 = 1.5$，对有洞口墙梁 $\xi_2 = 0.9$，根据公式(5-7)有

$$\xi_1 \xi_2 \left(0.2 + \frac{h_b}{l_0} + \frac{h_t}{l_0}\right) f h h_w = 1.5 \times 0.9 \times (0.2 + 0.7/6.531 + 0.24/6.531)$$

$$\times 1.89 \times 240 \times 2.88 = 606.6 \text{kN} > V_2$$

$$= 556.35 \text{kN}，满足要求。$$

4. 托梁支座上部砌体局部受压承载力验算

因墙梁两端设置了钢筋混凝土构造柱，不需要对托梁上部砌体局部受压作验算。

(三)施工阶段托梁承载力验算

类似于③、④轴托梁，不再赘述。

第二节 挑梁的设计计算

一、挑梁的破坏形态和防止方法

挑梁是一端嵌固在砌体墙内的混凝土悬臂梁，它与砌体共同工作。根据混凝土梁埋入段的刚度大小和埋入砌体的长度不同，有两类受力性能不同的挑梁。

柔性挑梁：当混凝土梁埋入段的刚度较小且埋入砌体的长度较大时，挑梁埋入段的变形以弯曲变形为主，如阳台挑梁。

刚性挑梁：当混凝土梁埋入段的刚度较大且埋入砌体的长度较小时，挑梁埋入段的变形以转动变形为主，如雨篷。

1. 挑梁的破坏形态

随着荷载 F 的增加,挑梁埋入段外端下砌体压缩变形增加,应力呈下凹抛物线分布,上部砌体界面产生拉应力,使上部界面拉裂。继续加荷,挑梁尾部的下方也产生水平裂缝(图5-11)。若挑梁自身强度足够,可能会发生两种破坏形式(图5-11):

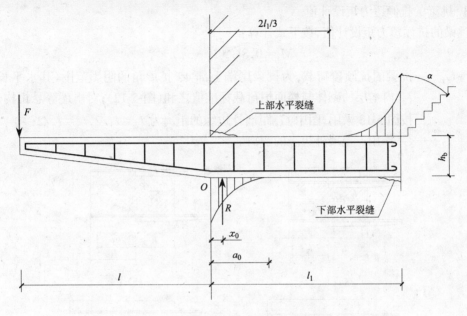

图 5-11 挑梁倾覆破坏与计算简图

(1)挑梁倾覆破坏:挑梁埋入段尾部的上方由于砌体内的主拉应力大于砌体的齿缝截面的抗拉强度,砌体中产生 $\alpha>45°$ 方向的斜裂缝,荷载继续增加,斜裂缝不断向上延伸,最后导致挑梁产生倾覆破坏。

(2)挑梁下砌体的局部受压破坏:荷载增加,挑梁界面处水平裂缝不断加长,梁下受压面积减少,局部受压应力增加而导致挑梁下砌体局部受压破坏。

2. 防止挑梁破坏的方法

(1)计算混凝土梁的正截面和斜截面承载力,保证挑梁本身不因承载力不够而破坏;
(2)进行挑梁抗倾覆验算,保证挑梁不出现倾覆破坏;
(3)进行挑梁下砌体局部受压验算,保证挑梁下砌体不出现局部受压破坏。

二、挑梁抗倾覆验算

1. 计算简图(图 5-11)
2. 挑梁计算倾覆点至墙外边缘的距离

挑梁计算倾覆点至墙外边缘的距离,按下列方法采用:

(1)当 $l_1 \geqslant 2.2h_b$ 时

$$x_0 = 0.3h_b \tag{5-21}$$

且不大于 $0.13l_1$。

(2)当 $l_1 < 2.2h_b$ 时

$$x_0 = 0.13l_1 \tag{5-22}$$

式中 l_1——挑梁埋入砌体墙中的长度(mm);
　　　x_0——计算倾覆点至墙外边缘的距离(mm);
　　　h_b——挑梁的截面高度(mm)。

注：当挑梁下有构造柱时，计算倾覆点至墙外边缘的距离可取 $0.5x_0$。

3. 挑梁的抗倾覆力矩设计值

挑梁的抗倾覆力矩设计值，按下式计算：

$$M_r = 0.8G_r(l_2 - x_0) \tag{5-23}$$

式中 G_r——挑梁的抗倾覆荷载，为挑梁尾端上部45°扩展角的阴影范围(其水平长度为 l_3)内本层的砌体与楼面恒荷载标准值之和(图5-12);对雨篷等悬挑构件,可按图5-13采用,图中 G_r 距墙外边缘的距离为 $l_2 = l_1/2, l_3 = l_n/2$;
　　　l_2——G_r 作用点至墙外边缘的距离。

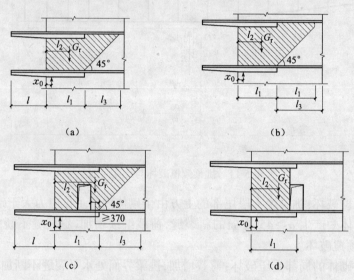

图 5-12 挑梁的抗倾覆荷载
(a)$l_3 \leqslant l_1$ 时；(b)$l_3 > l_1$ 时；(c)洞在 l_1 之内；(d)洞在 l_1 之外

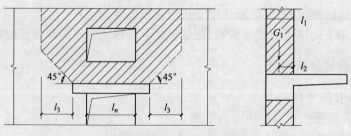

图 5-13 雨篷的抗倾覆荷载

4. 挑梁抗倾覆验算

砌体墙中钢筋混凝土挑梁的抗倾覆，应按下式进行验算：

$$M_{ov} \leqslant M_r \tag{5-24}$$

式中 M_{ov}——挑梁的荷载设计值对计算倾覆点产生的倾覆力矩。

三、挑梁下局部受压验算

挑梁下砌体的局部受压承载力,按下式进行验算:

$$N_l \leqslant \eta\gamma f A_1 \tag{5-25}$$

式中 N_l ——挑梁下的支承压力,可取 $N_l = 2R$,R 为挑梁的倾覆荷载设计值;

η——梁端底面压应力图形的完整系数,可取 0.7;

γ——砌体局部抗压强度提高系数,对图 5-14(a)可取 1.25;对图 5-14(b)可取 1.5;

A_1——挑梁下砌体局部受压面积,可取 $A_1 = 1.2bh_b$,b 为挑梁的截面宽度,h_b 为挑梁的截面高度。

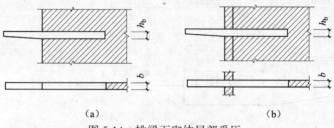

图 5-14 挑梁下砌体局部受压
(a)挑梁支承在一字墙;(b)挑梁支承在丁字墙

【**例题 5-2**】 某六层砖混结构住宅,如图 5-15、图 5-16 所示,④轴线处设有阳台的挑梁,其挑出长度为 $l = 1.8\mathrm{m}$,埋入长度:顶层 $l_2 = 3.6\mathrm{m}$,楼层 $l_1 = 2.2\mathrm{m}$,挑梁采用 C30 混凝土,截面尺寸为 $b \times h_b = 240\mathrm{mm} \times 350\mathrm{mm}$。采用 MU10 烧结页岩砖,M2.5 水泥混合砂浆砌筑,施工质量控制等级为 B 级。楼板采用横向承重的 120mm 厚空心板,已知墙面荷载标准值为 $5.24\mathrm{kN/m^2}$;楼面恒荷载标准值为 $2.64\mathrm{kN/m^2}$,活荷载标准值为 $2.5\mathrm{kN/m^2}$;屋面恒荷载标准值为 $4.44\mathrm{kN/m^2}$,屋面活荷载标准值为 $2\mathrm{kN/m^2}$;阳台恒荷载标准值为 $2.64\mathrm{kN/m^2}$,活荷载标准值为 $2.5\mathrm{kN/m^2}$;挑梁自重标准值为 $2.1\mathrm{kN/m}$。试设计该挑梁。

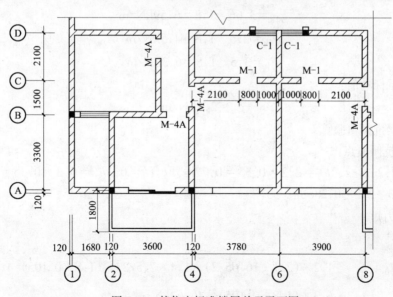

图 5-15 某住宅标准楼层单元平面图

【解】

该题中各标准层挑梁的构造和承担的挑梁荷载均相同,但由于屋顶及六层挑梁的抗倾覆能力较差,故本题仅设计屋顶及六层挑梁。

(一)计算简图及荷载计算(图5-16)

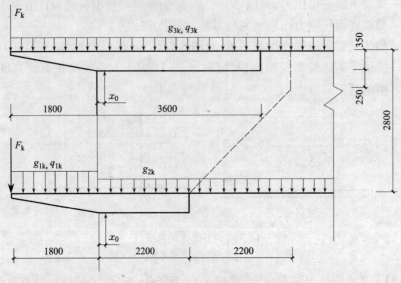

图5-16 挑梁的计算简图

屋面均布荷载标准值:

$$g_{3k}=4.44\times3.75=16.65\text{kN/m}$$
$$q_{3k}=2.0\times3.75=7.5\text{kN/m}$$

楼面均布荷载标准值:

$$g_{2k}=3.66\times3.75=13.73\text{kN/m}$$
$$g_{1k}=3.66\times1.8=6.59\text{kN/m}$$
$$q_{1k}=2.5\times1.8=4.5\text{kN/m}$$
$$F_k=3.5\times1.8=6.3\text{kN/m}$$

挑梁自重标准值:

$$g_k=2.1\text{kN/m}$$

(二)挑梁抗倾覆验算

1. 计算抗倾覆点

因 $l_1=2.2\text{m}>2.2h_b=2.2\times0.35=0.77\text{m}$,取 $x_0=0.3h_b=0.3\times0.35=0.105\text{m}<0.13l_1=0.13\times2.2=0.286\text{m}$。

2. 倾覆力矩

对于顶层

$$M_{0v}=\frac{1}{2}\times[1.2\times(2.1+16.65/2)+1.4\times7.5/2]\times(1.8+0.105)^2+$$
$$1.2\times6.3\times(1.8+0.105)=46.63\text{kN}\cdot\text{m}$$

对于楼层

$$M_{0v} = \frac{1}{2} \times [1.2 \times (2.1 + 6.59) + 1.4 \times 4.5] \times (1.8 + 0.105)^2 +$$
$$1.2 \times 6.3 \times (1.8 + 0.105)$$
$$= 30.34 \text{kN/m}$$

3. 抗倾覆力矩

挑梁的抗倾覆力矩由本层挑梁尾端上部45°扩展角范围内的墙体和楼面恒荷载标准值产生。

对于顶层，

$$G_r = (2.1 + 15.98) \times (3.6 - 0.105) = 63.19 \text{kN}$$
$$M_r = 0.8 G_r (l_2 - x_0)$$
$$= 0.8 \times 63.19 \times (3.6 - 0.105) \times 0.5$$
$$= 88.34 \text{kN} \cdot \text{m} > 46.63 \text{kN} \cdot \text{m}, 满足要求。$$

对于楼层，

$$M_r = 0.8 \sum G_r (l_1 - x_0) = 0.8 \times [(2.1 + 13.73) \times$$
$$(2.2 - 0.105)^2 / 2 + 5.24 \times (2.2 \times 2.45 \times 3.195 +$$
$$2.2 \times 2.45 \times 0.995 - 2.2 \times 2.2 \times 3.56 / 2)]$$
$$= 85.43 \text{kN} \cdot \text{m} > 30.34 \text{kN} \cdot \text{m}, 满足要求。$$

4. 挑梁下砌体局部受压承载力验算

挑梁下的支承压力，对于顶层，

$$N_1 = 2R = 2 \times [1.2 \times (2.1 + 16.65/2) + 1.4 \times 7.5] \times$$
$$(1.8 + 0.105) + 2 \times 1.2 \times 6.3$$
$$= 102.79 \text{kN}$$

$\eta \gamma A_1 f = 0.7 \times 1.5 \times 1.2 \times 0.24 \times 0.35 \times 1.3 \times 10^3 = 137.59 \text{kN} > 102.79 \text{kN}$，满足要求。

对于楼层，

$$N_1 = 2R = 2 \times \{[1.2 \times (2.1 + 6.59) + 1.4 \times 4.5] \times$$
$$(1.8 + 0.105) + 1.2 \times 6.3\}$$
$$= 78.85 \text{kN}$$

$\eta \gamma A_1 f = 0.7 \times 1.5 \times 1.2 \times 0.24 \times 0.35 \times 1.3 \times 10^3 = 137.59 \text{kN} > 78.85 \text{kN}$，满足要求。

四、钢筋混凝土梁承载力计算

以楼层为例，

$$V_{\max} = V_0 = 1.2 \times 6.3 + [1.2 \times (2.1 + 6.59) + 1.4 \times 4.5] \times 1.8 = 37.67 \text{kN}$$
$$M_{\max} = M_{0v} = 30.34 \text{kN} \cdot \text{m}$$

按照钢筋混凝土受弯构件计算梁的正截面和斜截面承载力，采用C30混凝土、HRB335级钢筋。

$$\alpha_s = \frac{M}{f_c b h_0^2}$$

$$= \frac{30.34 \times 10^6}{14.3 \times 240 \times 315^2} = 0.092$$

$$\xi = 1 - \sqrt{1 + 2\alpha_s} = 0.1 < \xi_b$$

$$A_s = \frac{f_c b h_0 \xi}{f_y} = \frac{14.3 \times 240 \times 315 \times 0.1}{300} = 360.40 \text{mm}^2$$

选用 $2\Phi16(402\text{mm}^2)$

因 $0.7f_t b h_0 = 0.7 \times 1.43 \times 240 \times 315 \times 10^{-3} = 75.67\text{kN} > 37.67\text{kN}$,可按照构造配置箍筋,选用 $\phi6@200$。

思考题和习题

思考题 5-1 影响墙梁组合性能的因素有哪些?

思考题 5-2 墙梁的破坏形态主要有哪几种?设计时,分别采用什么方法来控制?

思考题 5-3 墙梁使用阶段和施工阶段承载力计算时,荷载分别如何取?

思考题 5-4 简支墙梁支座处设置上、下贯通的构造柱时,为什么不需要计算砌体的局部受压承载力?

思考题 5-5 框支墙梁钢筋混凝土柱应如何设计计算?

思考题 5-6 挑梁的破坏形态有哪几种?挑梁的承载力计算内容包括哪几方面?

思考题 5-7 挑梁的倾覆点和抗倾覆力矩分别如何确定?

习题 5-1 某五层商店-住宅,如图 5-17 所示,墙体厚 $h=240\text{mm}$,采用 MU10 烧结普通砖,M10 水泥混合砂浆砌筑(仅在墙体计算高度 h_w 范围内采用,其余采用 M5 水泥混合砂浆),施工质量控制等级为 B 级,墙体上门洞尺寸为 $1500\text{mm} \times 2200\text{mm}$,托梁混凝土强度等级 C30,钢筋为 HRB335 和 HPB235 级钢筋。试设计二层处的墙梁。

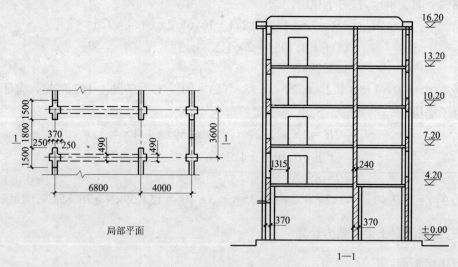

图 5-17 某商店-住宅中的墙梁

习题 5-2 某商店-住宅房屋,为底层框架上部砖混结构。楼盖、屋盖荷载标准值如图 5-18 所示,框架梁截面尺寸 $b_b \times h_b = 300\text{mm} \times 750\text{mm}$,柱截面尺寸 $b_c \times h_c = 400\text{mm} \times 450\text{mm}$,混凝土为 C30,钢筋为 HRB335 和 HPB235 级,墙厚 $h=240\text{mm}$,采用烧结普通砖 MU10,二层采用 M10 水泥混合砂浆,其余采用 M5 水泥混合砂浆砌筑,施工质量控制等级为 B 级。试设计该框支墙梁。

习题 5-3 已知多层砖混结构房屋钢筋混凝土挑梁,埋入丁字形截面墙内的长度 $l_1=2.0\text{m}$,挑出长度 $l=1.6\text{m}$,挑梁截面尺寸 $b \times h_b = 200\text{mm} \times 300\text{mm}$,房屋层高为 3.0m,砌体用 MU7.5 粘土多孔砖,M5 水泥混合砂浆砌筑,施工质量控制等级为 B 级。挑梁上的荷载标准值:恒荷载 $g=7.5$kN/m,梁自重 0.72kN/m,挑梁端部集中恒载 $F_k=3.5$kN,活荷载 $q_1=6.5$kN/m,$q_2=4.5$kN/m,墙自重 3.38kN/m²,砌块砌体抗压强度 $f=1.69$MPa,挑梁采用 C20 混凝土。试设计该房屋楼层挑梁。

习题参考答案

习题 5-1 碰到此类设计题目,第一步要根据墙梁的基本要求,复核结构是否能按墙梁进行计算。若满足墙梁的基本要求,则要确定墙梁的计算尺寸、选择托梁的截面。本题的各项尺寸均满足墙梁的要求,托梁的高度一般取 $h_b \geqslant 1/10 l_0$,宽度取 $(1/3 \sim 1/2)h_b$,本题可以选取托梁截面尺寸为 $250\text{mm} \times 800\text{mm}$。

第二步,确定墙梁的计算简图。本题属于简支开洞墙梁,注意验算 $\dfrac{h_w}{l_0} > 0.4$。

第三步,确定墙梁上的荷载。本题墙梁上作用的荷载只有均布荷载,但要分别按照两种荷载组合方式算出使用阶段和施工阶段的荷载设计值。

第四步,托梁正截面承载力计算。计算出托梁内的弯矩和轴向力后,按照钢筋混凝土偏心受拉构件进行配筋计算。计算结果:受压区钢筋截面面积 $A'_s < 0$,按构造配筋,即取 $A'_s = 0.002bh = 400\text{mm}^2$,再按 A'_s 已知,求得 $A_s = 3816\text{mm}^2$。

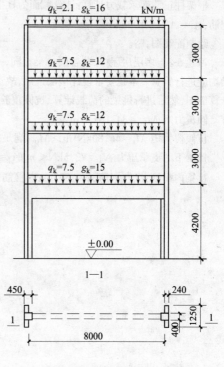

图 5-18 荷载

第五步,托梁的斜截面受剪承载力计算。计算出托梁内的最大剪力,按照钢筋混凝土斜截面承载力的计算方法计算,得到 $\dfrac{A_{sv}}{s} \geqslant 1.597$mm,在此基础上选择箍筋的直径、肢数和间距。

第六步,墙梁受剪承载力的验算。$\xi_1 \xi_2 \left(0.2 + \dfrac{h_b}{l_0} + \dfrac{h_t}{l_0}\right) f h h_w = 594$kN $> V_2 = 450$kN,满足要求。

第七步,托梁支座上部砌体局部受压承载力验算。$\zeta f h = 340$kN/m $> Q_2 = 145$kN/m,满足要求。

第八步,施工阶段托梁的承载力验算。按正截面承载力计算出托梁内纵向钢筋截面面积 $A_s = 971$mm² < 3816mm²,满足要求。托梁内剪力 $V = 109$kN $< V_b = 404$kN(使用阶段托梁内剪力),满足要求。

第九步,绘制托梁配筋图,略。

习题 5-2 本题为无洞口单跨框支墙梁,根据题目条件,可以确定其计算简图。再按墙梁进行框架的内力分析和计算,根据得到的内力按钢筋混凝土结构计算出框架的配筋。

托梁跨中计算弯矩:312kN·m,托梁跨中轴向拉力:369kN

托梁跨中 A'_s 为构造配筋:$A_s = 2243$mm²

托梁支座计算弯矩:217kN·m

托梁支座负筋:1130mm²

托梁支座边缘剪力设计值:418kN

托梁内箍筋:$\dfrac{A_{sv}}{s} \geqslant 1.68$mm

砌体受剪承载力验算:$\xi_1 \xi_2 \left(0.2 + \dfrac{h_b}{l_0} + \dfrac{h_t}{l_0}\right) f h h_w = 577$kN $> V_2 = 477$kN,满足要求。

托梁支座上部砌体局部受压承载力验算:$\zeta f h = 304$kN/m $> Q_2 = 126$kN/m

施工阶段托梁的承载力验算:跨中 $A_s = 1291\text{mm}^2 < 2243\text{mm}^2$,满足要求;支座 $A_s = 599\text{mm}^2 <$ 1130mm^2,满足要求;支座剪力 $V = 169\text{kN} < V_b = 418\text{kN}$,满足要求。

框架柱正截面承载力计算:计算截面为柱上端截面,计算轴向力为 746kN,弯矩为 321kN·m,采用对称配筋,$A_s = A'_s = 1899\text{mm}^2$。

绘制配筋图,略。

习题 5-3　多层房屋中,若各层挑梁相同,一般屋顶挑梁和顶层楼面挑梁是最危险的,这两个部位的挑梁均应进行验算。本题要求设计楼层挑梁,故选取顶层楼面挑梁进行计算。计算该挑梁前,需要先作出其计算简图,然后进行挑梁的荷载计算、抗倾覆验算、挑梁下砌体局部受压验算及挑梁配筋设计。

倾覆力矩 $M_{0v} = 34.18\text{kN/m}$

抗倾覆力矩 $M_r = 46.80\text{kN·m} > M_{0v}$,满足抗倾覆要求。

挑梁下的支承压力 $N_1 = 72.5\text{kN} < \eta\gamma f A_1 = 122.81\text{kN}$,满足砌体局部受压要求。

挑梁内配筋:纵向钢筋 $A_s = 505\text{mm}^2$,箍筋按构造配置。

第六章 配筋砌体结构设计

【重点与难点】 学习重点是掌握配筋砌体的几种类型及其适用范围,了解各种配筋砌体的受力特征及设计计算方法。本章难点在于配筋砌体是由两种或三种材料组合而成,其破坏机理和钢筋混凝土不同,计算方法较复杂。

【学习方法】 掌握配筋砌体的受力性能,在破坏特征基础上建立设计计算公式及适用范围。

第一节 网状配筋砖砌体构件

砌体受压时产生纵向压缩变形,同时还产生横向变形。对于网状配筋砖砌体,因为钢筋网与灰缝砂浆之间的摩擦力和粘结力能承受较大的横向拉应力,约束了砌体的横向变形,使钢筋网参与砌体共同工作,提高了砌体的抗压强度。

但偏心距较大时,对于网状配筋体的受力性能影响较大,网状配筋的作用随之减小,砌体承载力的提高亦有限,因此偏心距限制在核心范围内,对于矩形截面即 $e/h>0.17$ 时或偏心距未超过截面核心范围,但构件的高厚比 $\beta>16$ 时,不宜采用网状配筋砖砌体构件。

一、网状配筋砖砌体受压构件的承载力计算

网状配筋砖砌体受压构件的承载力,应按下列公式计算:

$$N \leqslant \varphi_n f_n A \tag{6-1}$$

$$f_n = f + 2\left(1 - \frac{2e}{y}\right)\frac{\rho}{100}f_y \tag{6-2}$$

$$\rho = (V_s/V)100 \tag{6-3}$$

式中 N——轴向力设计值;

φ_n——高厚比和配筋率以及轴向力的偏心距对网状配筋砖砌体受压构件承载力的影响系数,可查表确定;

f_n——网状配筋砖砌体的抗压强度设计值;

A——截面面积;

e——轴向力的偏心距;

ρ——体积配筋率,当采用截面面积为 A_s 的钢筋组成的方格网,网格尺寸为 a 和钢筋网的间距为 s_n 时,$\rho = \frac{2A_s}{as_n}100$;

V_s、V——分别为钢筋和砌体的体积;

f_y——钢筋的抗拉强度设计值,当 f_y 大于 320MPa 时,仍采用 320MPa。

对于矩形截面构件,当轴向力偏心方向的截面边长大于另一方向的边长时,除按偏心受压计算外,还应对较小边方向按轴心受压进行验算。

当网状配筋砖砌体构件下端与无筋砌体交接时,尚应验算无筋砌体的局部受压承载力。

二、构造措施

1. 网状配筋砖砌体中的体积配筋率,不应小于 0.1%,并不应大于 1%;
2. 采用钢筋网时,钢筋的直径宜采用 3～4mm;当采用连弯钢筋网时,钢筋的直径不应大于 8mm;
3. 钢筋网中钢筋的间距,不应大于 120mm,并不应小于 30mm;
4. 钢筋网的间距,不应大于 5 皮砖,并不应大于 400mm;
5. 网状配筋砖砌体所用的砂浆强度等级不应低于 M7.5;钢筋网应设置在砌体的水平灰缝中,灰缝厚度应保证钢筋上下至少各有 2mm 厚的砂浆层;
6. 砌体内所用的钢筋网,不得用分离的单根钢筋代替。

三、设计应用

网状配筋砖砌体构件应用于砌体墙体结构中与构造柱和圈梁结构体系相结合,除了能提高无筋砌体的抗压强度,还能提高砌体的抗剪强度,较大幅度提高墙体的变形性能和其他抗震指标,起到平时抗压,震时抗震的作用。但是,由于灰缝厚度较小,砂浆饱满度也无法百分之百保证,钢筋的锈蚀问题不容忽视,需要严格施工监控,保证施工质量。

【例题 6-1】 有一单跨无吊车房屋(弹性方案)的砖柱截面为 370mm×490mm,柱高 3.14m,承受轴向力设计值 $N=250$kN(包括柱自重),轴向力作用在排架方向(柱的长边),其偏心距为 48mm。柱采用 MU10 的烧结普通砖、M7.5 水泥混合砂浆砌筑,施工质量控制等级为 B 级,试验算其承载力。

【解】 这道题在实际工程中是典型的先估计材料及截面尺寸,后复核承载力的设计方法。先按无筋砌体复核其承载力。

查表得 $f=1.69$MPa, $[\beta]=17$

依据柱的支承条件及房屋的静力计算方案得构件排架方向的计算高度:

$$H_0=1.5H=1.5\times 3.14=4.71\text{m}$$

高厚比 $$\beta=\frac{H_0}{h}=\frac{4.71}{0.49}=9.6<[\beta]=17$$

柱截面面积 $A=0.49\times 0.37=0.1813\text{m}^2<0.3\text{m}^3$(无筋砌体截面尺寸小于 0.3m² 时,砌体抗压强度设计值需要修正,修正系数 $\gamma_a=0.7+A$)

$$f=1.69\times(0.7+0.1813)=1.489\text{MPa}$$

1. 按无筋砌体的承载力验算

$$e/h=\frac{0.048}{0.49}=0.1$$

由式(3-10),得 $\varphi=0.66$

按式(3-1) $\varphi Af=0.66\times 0.1813\times 1.489\times 10^3=178\text{kN}<N=250\text{kN}$

不满足承载力要求。

2．排架方向承载力验算

当不满足承载力要求时，一般可以采取增大截面尺寸或提高材料强度等级使其承载力满足要求。但按照我国目前现状，本题所选材料强度等级不宜再增大，增大截面尺寸也会对使用带来不利，且 $e/h=0.1<0.17$（柱全截面受压），故可用网状配筋，以提高砖柱的承载能力。采用焊接冷拔低碳钢丝方格网状配筋，钢丝间距 50mm，网的竖向间距采用 3 皮砖。

注意必须满足构造要求：

(1)网状配筋砖砌体中的体积配筋率，不应小于 0.1%，并不应大于 1%；

(2)采用钢筋网时，钢筋的直径宜采用 3~4mm；当采用连弯钢筋网时，钢筋的直径不应大于 8mm；

(3)钢筋网中钢筋的间距，不应大于 120mm，并不应小于 30mm；

(4)钢筋网的间距，不应大于 5 皮砖，并不应大于 400mm。

ϕ_4^b 钢筋面积 $A_s=12.6\text{mm}^2$，$f_y=430\text{MPa}>320\text{MPa}$，取 $f_y=320\text{MPa}$

配筋率 $$\rho=\frac{2A_s}{as_n}100=\frac{2\times12.6}{50\times200}\times100=0.252$$

柱截面面积 $A=0.49\times0.37=0.1813\text{m}^2<0.2\text{m}^2$（配筋砌体截面尺寸小于 0.2m^2 时，砌体抗压强度设计值需要修正，修正系数 $\gamma_a=0.8+A$）

$$f=1.69\times(0.8+0.1813)=1.658\text{MPa}$$

网状配筋砖砌体的抗压强度设计值

$$f_n=f+2\left(1-\frac{2e}{y}\right)\frac{\rho}{100}f_y=1.658+2\left(1-\frac{2\times0.048}{0.245}\right)\times\frac{0.252}{100}\times320=2.639\text{MPa}$$

计算轴向力的影响系数 φ_n（也可查表）

$$\phi_n=\frac{1}{1+12\left(\frac{e}{h}+\sqrt{\frac{1}{12}\left(\frac{1}{\varphi_{0n}}-1\right)}\right)^2}$$

$$\varphi_{0n}=\frac{1}{1+\frac{1+3\rho}{667}\beta^2}=\frac{1}{1+\frac{1+3\times0.252}{667}\times9.6^2}=0.8047$$

$$\phi_n=\frac{1}{1+12\left(\frac{48}{490}+\sqrt{\frac{1}{12}\left(\frac{1}{0.8047}-1\right)}\right)^2}=0.59$$

所以 $\varphi_n A f_n=0.59\times0.1813\times2.639\times10^3=282\text{kN}>250\text{kN}$

3．垂直排架方向的验算

偏心受压柱一般除了验算偏心方向承载力外，垂直于偏心方向按轴心受压验算。$H_0=1.0H=3.14\text{m}$，$\beta=\frac{3.14}{0.37}=8.5$，（这时 $h=370\text{mm}$）

$$\varphi_n=\frac{1}{1+\frac{1+3\rho}{667}\beta^2}=\frac{1}{1+\frac{1+3\times0.252}{667}\times8.5^2}=0.84$$

$$f_n = f + 2\left(1 - \frac{2e}{y}\right)\frac{\rho}{100}f_y = 1.658 + 2 \times \frac{0.252}{100} \times 320 = 3.27\text{MPa}$$

$$\varphi_n A f_n = 0.84 \times 0.1813 \times 3.271 \times 10^3 = 498\text{kN} > 250\text{kN}$$

满足承载力要求。

【例题 6-2】 有一六层 6m 开间砌体房屋，底层从室内地坪至楼层的高度为 3.2m。底层墙体轴向力设计值 $N = 400\text{kN/m}$。墙体采用 MU10 黏土多孔砖，M5.0 水泥混合砂浆砌筑，施工质量控制等级为 B 级，为节省空间墙厚只允许 240mm，试计算其承载力。

【解】 查表得 $f = 1.69\text{MPa}$

横墙间距 $s = 6\text{m} < 32\text{m}$，为刚性方案房屋。考虑基础顶至室内地坪的高度为 500mm，则构件的计算高度为：$H_0 = 3.2 + 0.5 = 3.7\text{m}$。

高厚比
$$\beta = \frac{H_0}{h} = \frac{3.7}{0.24} = 15.4$$

由式(3-10)，得 $\varphi = 0.735$，墙截面面积 $A = 0.24 \times 1 = 0.24\text{m}^2$。

$\varphi A f = 0.735 \times 0.24 \times 1.69 \times 10^3 = 298\text{kN} < 400\text{kN}$，不满足承载力要求。

由于使用要求不宜增加墙厚，故采用提高材料强度等级及采用网状配筋砌体来提高砌体强度。

现采用网状配筋砌体，对原砌体材料进行调整：砖仍采用 MU10，砂浆为 M7.5 混合砂浆，采用 ϕ_4^b 焊接网片，网的间距 50mm，网的竖向间距取 4 皮。则 $A_s = 12.6\text{mm}^2$，$f_y = 320\text{MPa}$，砌体强度 $f = 1.69\text{MPa}$。

配筋率 $\rho = \dfrac{2A_s}{as_n}100 = \dfrac{2 \times 12.6}{50 \times 260} \times 100 = 0.194 \begin{matrix}>0.1\\<1\end{matrix}$（满足最大和最小配筋率要求）

网状配筋砖砌体的抗压强度设计值

$$f_n = f + 2\left(1 - \frac{2e}{y}\right)\frac{\rho}{100}f_y = 1.69 + 2(1-0) \times \frac{0.194}{100} \times 320 = 2.932\text{MPa}$$

根据 $\beta = 15.4 < 24$（满足容许高厚比要求），$\rho = 0.194$

得：
$$\varphi_n = \frac{1}{1 + \dfrac{1+3\rho}{667}\beta^2} = \frac{1}{1 + \dfrac{1+3\times0.194}{667} \times 15.4^2} = 0.64$$

按式(6-1)得：

$$\varphi_n A f_n = 0.64 \times 0.24 \times 2.932 \times 10^3 = 450\text{kN} > N = 400\text{kN}$$

满足承载力要求。

第二节 组合砖砌体构件

一、组合砖砌体轴心受压构件承载力

组合砖砌体轴心受压构件的承载力，应按下式计算：

$$N \leqslant \varphi_{com}(fA + f_c A_c + \eta_s f_y A_s) \tag{6-4}$$

式中 φ_{com}——组合砖砌体构件的稳定系数；
  A——砖砌体的截面面积；
  f_c——混凝土或面层水泥砂浆的轴心抗压强度设计值；
  A_c——混凝土或砂浆面层的截面面积；
  η_s——受压钢筋的强度系数；
  f_y——钢筋的抗压强度设计值；
  A_s——受压钢筋的截面面积。

设计计算时，要注意的几个问题：

1. 稳定系数 φ_{com}

组合砖砌体轴心受压构件的稳定系数 φ_{com} 介于同样截面、同样高厚比的无筋砌体构件的稳定系数 φ_0 和钢筋混凝土构件的稳定系数 φ_{rc} 之间。由试验结果得出，φ_{com} 可以按下式计算：

$$\varphi_{com} = \varphi_0 + 100\rho(\varphi_{rc} - \varphi_0) \leqslant \varphi_{rc} \tag{6-5}$$

式(6-5)中，当 $\rho = 0$ 时，$\varphi_{com} = \varphi_0$，随配筋率的加大而线性增大；当 $\rho = 1\%$ 时，$\varphi_{com} = \varphi_{rc}$。根据 β 和配筋率 ρ，φ_{com} 可从表6-1查出。

组合砖砌体构件的稳定系数 φ_{com} 表6-1

高厚比 β	配筋率 $\rho\%$					
	0	0.2	0.4	0.6	0.8	≥1.0
8	0.91	0.93	0.95	0.97	0.99	1.00
10	0.87	0.90	0.92	0.94	0.96	0.98
12	0.82	0.85	0.88	0.91	0.93	0.95
14	0.77	0.80	0.83	0.86	0.89	0.92
16	0.72	0.75	0.78	0.81	0.84	0.87
18	0.67	0.70	0.73	0.76	0.79	0.81
20	0.62	0.65	0.68	0.71	0.73	0.75
22	0.58	0.61	0.64	0.66	0.68	0.70
24	0.54	0.57	0.59	0.61	0.63	0.65
26	0.50	0.52	0.54	0.56	0.58	0.60
28	0.46	0.48	0.50	0.52	0.54	0.56

注：组合砖砌体构件截面的配筋率 $\rho = A_s/bh$。

2. 受压钢筋的强度系数 η_s

在砖砌体与钢筋混凝土的组合砌体中，由于砖能吸收混凝土中多余的水分，因此，在砖砌体中结硬的混凝土比在木模或金属模板中结硬的混凝土强度高。这种现象在混凝土结硬的早期(4～10d内)尤为显著，故在组合砌体中的混凝土较一般情况下的混凝土能提前发挥受力作用。对于具有钢筋砂浆面层的组合砖砌体中的砂浆，也具有类似的特性。

组合砖砌体受压时，由于两侧钢筋混凝土(或钢筋砂浆)的约束，砖砌体的受压变形能力较大。在轴心压力作用下，截面内三种材料的变形相同，但三种材料达到各自强度的压应变是不相同的，钢筋达到屈服强度时的压应变最小($\varepsilon_0 = 0.0011\sim0.0016$)，混凝土次之($\varepsilon_0 = 0.0015\sim0.002$)，砖砌体达到抗压强度时的压应变最大($\varepsilon_0 = 0.002\sim0.004$)。因此，组合砖砌体在轴心压力作用下，纵向钢筋首先屈服，然后混凝土达到抗压强度，此时砖砌体尚未压坏，也即当组合砖砌体达到极限承载力时，其内砌体的强度未能充分利用。对于砂浆面层，组合砖砌体达到极限承载力时的应变小于钢筋的屈服应变，其内受压钢筋的强度亦未能充分利用。这一特性可用砖砌体及钢筋的强度利用系数来表示。

根据试验结果，混凝土面层的组合砖砌体，其砖砌体的强度系数 $\eta_m = 0.945$，钢筋的强度系数 $\eta_s = 1.0$；砂浆面层的组合砖砌体，其砖砌体的强度系数 $\eta_m = 0.928$，钢筋的强度系数 $\eta_s = 0.933$。考虑到组合砖砌体轴心受压构件的可靠度指标较要求值偏高，且钢筋承载力项所占比例又很小等因素，在规范的设计公式里，对两种情况的面层均取整数 $\eta_m = 1$，对混凝土面层 $\eta_s = 1.0$，对砂浆面层 $\eta_s = 0.9$。

3. 面层材料强度 f_c

对于砂浆面层的组合砖砌体，由于规范中没有砂浆轴心抗压强度指标，而混凝土的轴心抗压强度与强度等级的比值为0.8，参照混凝土的强度指标，并考虑砂浆的离散性比较大，故砂浆的轴心抗压强度设计值取为同强度等级混凝土的轴心抗压强度设计值的70%，当砂浆为M15时，取5.2MPa；当砂浆为M10时，取3.5MPa；当砂浆为M7.5时，取2.6MPa。

二、组合砖砌体偏心受压构件承载力

1. 破坏特征

试验研究表明，组合砖砌体偏心受压构件在承载力极限状态时的破坏特征类似于钢筋混凝土偏心受压构件，有两类：

(1) 小偏心受压：当偏心距较小，或偏心距较大，但截面距轴向力较远一侧钢筋 A_s 配置过多时，离 N 较近侧受压区边缘混凝土(砂浆)的压应变达到其极限值，受压区混凝土(砂浆)压碎而构件破坏，此时受压钢筋 A'_s 受压屈服，离 N 较远侧钢筋可能受拉，也可能受压，但 A_s 不屈服。

(2) 大偏心受压：当偏心距较大，且截面距纵向力较远一侧的钢筋 A_s 配置适量时，离 N 较远侧钢筋受拉 A_s 屈服，离 N 较近侧受压区边缘混凝土(砂浆)的压应变达到其极限值，受压区混凝土(砂浆)压碎而构件破坏，此时受压钢筋 A'_s 受压屈服。

2. 两类偏心破坏的界限

在大偏心受压破坏和小偏心受压破坏之间存在一种界限破坏，即受拉钢筋达到屈服强度 f_y 的同时，受压混凝土(砂浆)也达到极限压应变 ε_{cu}。

根据界限破坏的特征和平截面假定，大小偏压界限破坏时截面的相对受压区高度的界限值 ξ_b，对于HPB235级钢筋，应取0.55；对于HRB335级钢筋，应取0.425。

3. 判别大小偏心的方法

当 $\xi \leqslant \xi_b$ 时，为大偏心受压；

当 $\xi > \xi_b$ 时，为小偏心受压。

4. 钢筋 A_s 应力 σ_s 大小

由于承载力极限状态时，大偏心受压构件的离 N 较远侧钢筋 A_s 受拉达到屈服，而小偏心受压构件的离 N 较远侧钢筋 A_s 可能受拉也可能受压，但不屈服，其大小随受压区高度不同而不同。因此，组合砖砌体钢筋 A_s 的应力(正值为拉应力，负值为压应力)按下列式计算：

小偏心受压时，即 $\xi > \xi_b$

$$\sigma_s = 650 - 800\xi \tag{6-6}$$
$$-f'_y \leqslant \sigma_s \leqslant f_y$$

大偏心受压时,即 $\xi \leqslant \xi_b$
$$\sigma_s = f_y \tag{6-7}$$
$$\xi = x/h_0$$

式中 ξ——组合砖砌体构件截面的相对受压区高度;

f_y——钢筋的抗拉强度设计值。

5. 附加偏心距 e_a

组合砖砌体构件偏心受压后,会产生纵向弯曲,柱中截面会产生水平位移,该水平位移即为轴向力的附加偏心距。根据平截面假定,通过截面破坏时的曲率,并依据试验结果,可求得该附加偏心距值:

$$e_a = \frac{\beta^2 h}{2200}(1 - 0.022\beta) \tag{6-8}$$

6. 承载力设计计算公式

组合砖砌体偏心受压构件的承载力,应按下列公式计算:

$$N \leqslant fA' + f_c A_c + \eta_s f'_y A'_s - \sigma_s A_S \tag{6-9}$$

或

$$Ne_N \leqslant fS_s + f_c S_{c,s} + \eta_s f'_y A'_s (h_0 - a'_s) \tag{6-10}$$

此时受压区的高度 x 可以由 N 的力矩平衡条件按下列公式确定(图 6-1):

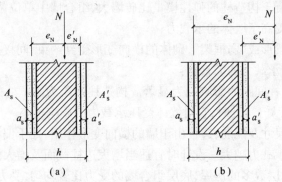

图 6-1 组合砖砌体偏心受压构件
(a)小偏心受压;(b)大偏心受压

$$fS_N + f_c S_{c,N} + \eta_s f'_y A'_s e'_N - \sigma_s A_s e_N = 0 \tag{6-11}$$
$$e_N = e + e_a + (h/2 - a_s)$$
$$e'_N = e + e_a - (h/2 - a'_s)$$

式中 σ_s——钢筋 A_s 的应力;

A_s——距轴向力 N 较远侧钢筋的截面面积;

A'——砖砌体受压部分的面积;

A_c——混凝土或砂浆面层受压部分的面积;

S_s——砖砌体受压部分的面积对钢筋 A_s 重心的面积矩;

$S_{c,s}$——混凝土或砂浆面层受压部分的面积对钢筋 A_s 重心的面积矩;

S_N——砖砌体受压部分的面积对轴向力 N 作用点的面积矩;

$S_{c,N}$——混凝土或砂浆面层受压部分的面积对轴向力 N 作用点的面积矩;

e_N, e'_N——分别为钢筋 A_s 和 A'_s 重心至轴向力 N 作用点的距离(图 6-1);

e——轴向力的初始偏心距,按荷载设计值计算;

e_a——组合砖砌体构件在轴向力作用下的附加偏心距;

h_0——组合砖砌体构件截面的有效高度,取 $h_0 = h - a_s$;

a_s, a'_s——分别为钢筋 A_s 和 A'_s 重心至截面较近边的距离。

设计计算时应注意:

(1)对组合砖砌体,当纵向力偏心方向的截面边长大于另一方向的边长时,同样还应对较小边按轴心受压验算。

(2)组合砖砌体构件当 $e=0.05h$ 时,按轴心受压计算的承载力和按偏心受压计算的承载力很接近,但当 $0 \leqslant e < 0.05h$ 时,按前者计算的承载力略低于后者的承载力。为解决这个不合理现象,当 e 小于 $0.05h$ 时,应取 e 等于 $0.05h$ 并按偏心受压的公式计算承载力。

三、砖砌体和混凝土构造柱组合墙

有限元分析和试验结果表明,在受压荷载作用下,构造柱和砖墙具有良好的整体工作性能,构造柱和圈梁对墙体的受压承载力有所提高。其主要原因是:

(1)由于钢筋混凝土构造柱的弹性模量比砖墙大,组合墙中单位截面积的构造柱能承受较大的压应力,直接提高了墙体的承载力;

(2)构造柱与圈梁形成"弱框架",砌体的横向变形受到约束,间接提高了墙体的承载力。

影响组合墙受压承载力的因素有:

(1)构造柱间距:柱间距的影响最为显著。构造柱间距为 2m 左右时,柱的作用得到充分发挥。构造柱间距大于 4m 时,它对墙体受压承载力的影响很小。

(2)边柱的截面尺寸及配筋:边柱由于墙的横向变形作用,处于偏心受压状态,边柱截面及配筋越大,组合墙承载力越大。设计时宜适当增大边柱截面及增大配筋。

(3)房屋层数:对层数多的房屋,底层组合墙的受力比较均匀,受力较为有利。

设置构造柱砖墙与组合砖砌体构件有类似之处,可采用组合砖砌体轴心受压构件承载力的计算公式,但引入强度系数以反映前者与后者的差别。砖砌体和钢筋混凝土构造柱组成的组合砖墙(图 6-2)的轴心受压承载力应按下列公式计算:

$$\left. \begin{array}{l} N \leqslant \varphi_{\text{com}}[fA_n + \eta(f_c A_c + f'_y A'_c)] \\ \eta = \left[\dfrac{1}{\dfrac{l}{b_c} - 3}\right]^{\frac{1}{4}} \end{array} \right\} \quad (6\text{-}12)$$

式中 φ_{com}——组合砖墙的稳定系数,可按组合砖砌体轴心受压构件采用;

η——强度系数,当 l/b_c 小于 4 时取 l/b_c 等于 4;

l——沿墙长方向构造柱的间距;

b_c——沿墙长方向构造柱的宽度；
A_n——砖砌体的净截面面积；
A_c——构造柱的截面面积。

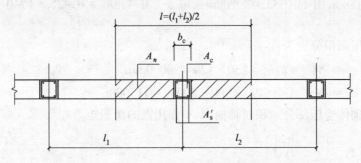

图6-2 砖砌体和构造柱组合墙截面

必须注意的是,这种组合墙的施工工序应该是先砌墙后浇筑混凝土,墙上留有马牙槎,以保证砌体与钢筋混凝土柱共同工作。

【例题6-3】 有一无吊车房屋的柱,截面为490mm×740mm的组合砖砌体,柱高为7.4m,此房屋系刚性方案,承受设计轴向力 $N=700$kN,偏心距 $e=50$mm。采用MU10砖,M7.5水泥混合砂浆,C20混凝土,HRB335级钢筋,施工质量控制等级为B级,求 A_s 及 A'_s。

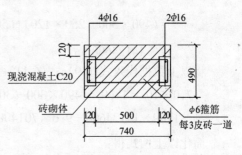

图6-3 组合砖柱截面

【解】 假定截面如图6-3所示(为了满足纵向钢筋保护层厚度及砌体模数,混凝土厚度取120mm;为了节省侧模,混凝土两端宜砌120mm的砌体)。

砌体抗压强度设计值 $f=1.69$MPa
混凝土抗压强度设计值 $f_c=9.6$MPa
钢筋强度设计值 $f_y=f'_y=300$MPa
砌体截面面积 $A=0.74\times0.49-0.25\times0.24=0.303\text{m}^2>0.2\text{m}^2$(不需对砌体强度进行修正)

计算高度 $H_0=1.0H=1.0\times7.4=7.4$m (因房屋刚性方案)

高厚比 $\beta=\dfrac{H_0}{h}=\dfrac{7.4}{0.74}=10$

轴向力作用下的附加偏心距

$$e_i=\dfrac{\beta^2 h}{2200}(1-0.022\beta)=\dfrac{10^2\times 740}{2200}(1-0.022\times 10)=26.2\text{mm}$$

对混凝土面层 $\eta_s=1.0$
根据构造要求,取钢筋保护层厚度35mm
偏心距 $e=50$mm$>0.05h=37$mm

$$e_N=e+e_i+\left(\dfrac{h}{2}-a_s\right)=50+26.2+\left(\dfrac{740}{2}-35\right)=411.2\text{mm}$$

$$e'_N = e + e_i - \left(\frac{h}{2} - a'_s\right) = 50 + 26.2 - \left(\frac{740}{2} - 35\right) = -258.8\text{mm}$$

在本题中，有3个未知量，即 x、A_s 及 A'_s，而用来计算的平衡方程只有两个。为了充分发挥钢筋以及砌体强度，采用 HRB335 级钢筋时，取 $x = 0.425h_0 = 0.425 \times (740 - 35) = 300\text{mm}$。

混凝土及砌体受压面积分别为：
$$A'_c = b_c h_c = 250 \times 120 = 30000\text{mm}^2$$
$$A' = bx - A'_c = 490 \times 300 - 30000 = 117000\text{mm}^2$$

混凝土面层和砖砌体受压部分面积对轴向力 N 作用点的面积矩为

$$S_{c,N} = b_c h_c \left[e + e_i - \left(\frac{h}{2} - \frac{h_c}{2}\right)\right]$$
$$= 250 \times 120 \left[50 + 26.2 - \left(\frac{740}{2} - \frac{120}{2}\right)\right] = -7014000\text{mm}^3$$

$$S_N = (bx - b_c h_c)\left\{(e + e_i) - \left[\frac{h}{2} - \frac{bx^2 - b_c h_c^2}{2(bx - b_c h_c)}\right]\right\}$$
$$= (490 \times 300 - 250 \times 120)\left\{(50 + 26.2) - \left[\frac{740}{2} - \frac{490 \times 300^2 - 250 \times 120^2}{2(490 \times 300 - 120 \times 250)}\right]\right\}$$
$$= -14124600\text{mm}^3$$

将以上数据代入式(6-9)、式(6-11)得
$$\begin{cases} 7.0 \times 10^5 = 1.69 \times (490 \times 300 - 30000) + 9.6 \times 30000 + 1.0 \times 300A'_s - 300A_s \\ -1.69 \times 14124600 - 9.6 \times 7014000 - 1.0 \times 300 A'_s \times 258.8 - 300A_s \times 411.2 = 0 \end{cases}$$

简化以上两式得：
$$\begin{cases} A'_s - A_s = 55 \\ A'_s + 1.589A_s = -1340 \end{cases}$$

由此方程可解得 $A_s < 0$

根据构造要求，选 A_s，2Φ16 ($A_s = 402\text{mm}^2 > 0.1\% bh = 362\text{mm}^2$)

再按 A_s 已知求 A'_s。首先假定构件系小偏心受压情况，即 $\xi > \xi_b$，这时

$$\sigma_s = 650 - 800\xi = 650 - 800 \times \frac{x}{740 - 35} = 650 - 1.135x$$

$$S_{c,N} = 250 \times 120 \times \left(50 + 26.2 - \frac{740}{2} + \frac{120}{2}\right) = -7014000\text{mm}^2$$

$$S_N = (490x - 250 \times 150)\left\{(50 + 26.2) - \frac{740}{2} + \frac{490x^2 - 250 \times 120^2}{2(490x - 120 \times 250)}\right\}$$
$$= -143962x + 8814000 + 245x^2 - 1800000$$
$$= 245x^2 - 143962x + 7014000$$

将以上数据代入式(6-9)、式(6-11)得
$$7.0 \times 10^5 = 1.69 \times (490x - 30000) + 9.6 \times 30000 + 1.0 \times 300A'_s - (650 - 1.135x) \times 402$$
$$1.69 \times (245x^2 - 143962x + 7014000) + 9.6 \times (-7014000)$$
$$-1.0 \times 300 \times A'_s \times 258.5 - (650 - 1.135x) \times 402 \times 411.2 = 0$$

整理得

$$\begin{cases} A'_s + 4.28x = 1209 \\ x^2 - 134x - 393496 - 187A'_s = 0 \end{cases}$$

解得：$x_1 = 521\text{mm} > \xi_b h_0 = 0.425 \times (740 - 35) = 300\text{mm}$，为小偏压

$$x_2 = -1187\text{mm}（舍去）$$
$$A'_s = -1023\text{mm}^2$$

按构造要求，选 $4\Phi16(A'_s = 804\text{mm}^2 > 0.2\%bh = 724\text{mm}^2)$，截面配筋如图 6-3 所示。

【**例题 6-4**】 有一两跨无吊车房屋，边柱截面为 $620\text{mm} \times 990\text{mm}$ 的组合砖柱，柱高为 8.0m。此房屋系弹性方案，承受设计轴向力 $N = 331\text{kN}$，沿长边方向偏心作用，该轴力的偏心距为 665mm。采用 MU10 砖及 M7.5 水泥混合砂浆砌筑，采用 C20 混凝土，采用 HRB335 级钢筋，采用对称配筋，施工质量控制等级为 B 级，求 A_s。

【**解**】 假定截面如图 6-4 所示。

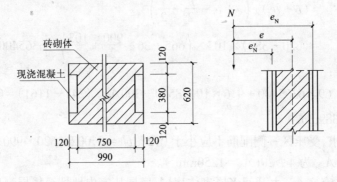

图 6-4 组合砖柱

砌体抗压强度设计值 $f = 1.69\text{MPa}$

混凝土抗压强度设计值 $f_c = 9.6\text{MPa}$

HRB335 级钢筋 $f_y = f'_y = 300\text{MPa}$

计算高度 $H_0 = 1.25H = 1.25 \times 8 = 10\text{m}$ （因房屋为弹性方案）

高厚比 $\beta = \dfrac{H_0}{h} = \dfrac{10}{0.99} = 10.1$

轴向力作用下的附加偏心距

$$e_i = \frac{\beta^2 h}{2200}(1 - 0.022\beta) = \frac{10.1^2 \times 990}{2200}(1 - 0.022 \times 10.1) = 36\text{mm}$$

对混凝土面层，受压钢筋强度系数 $\eta_s = 1.0$

根据构造要求，取钢筋保护层厚度 35mm

偏心距 $e = 665\text{mm}$

$$e_N = e + e_i + \left(\frac{h}{2} - a_s\right) = 665 + 36 + \left(\frac{990}{2} - 35\right) = 1161\text{mm}$$

$$e'_N = e + e_i - \left(\frac{h}{2} - a'_s\right) = 665 + 36 - \left(\frac{990}{2} - 35\right) = 241\text{mm}$$

99

由于采用对称配筋,令 $A_s = A'_s$,并假定为大偏压(即 $\sigma_s = f_y$),代入式(6-9)及式(6-11)得:

$$\begin{cases} N = fA' + f_c A'_c & (1) \\ fS_N + f_c S_{c,N} + f_y A_s (e'_N - e_N) = 0 & (2) \end{cases}$$

假设截面受压区高度 $x \leqslant h_c$,则混凝土及砌体受压面积分别为:

$$A'_c = b_c x = 380x$$

$$A' = bx - A'_c = 620x - 380x = 240x$$

将 A'_c、A' 代入式(1),得 $331000 = 1.69 \times 240x + 7.5 \times 380x$

解得 $x = 103\text{mm} < h_c = 120\text{mm}$

$$< 0.55 h_0 = 525\text{mm}(大偏压)$$

$$S_{c,N} = b_c x \left(e + e_i - \frac{h}{2} + \frac{x}{2} \right) = 380 \times 103 \left(665 + 36 - \frac{990}{2} + \frac{103}{2} \right) = 10078550\text{mm}^3$$

$$S_N = (b - b_c) x \left(e + e_i - \frac{h}{2} + \frac{x}{2} \right)$$

$$= (620 - 380) \times 103 \times \left(665 + 36 - \frac{990}{2} + \frac{103}{2} \right) = 6365400\text{mm}^3$$

代入式(2)得:

$$1.69 \times 6365400 + 9.6 \times 10078550 + 300 A_s \times (241 - 1161) = 0$$

解得 $A_s = 389\text{mm}^2$

根据构造要求,受压区一侧配筋不应小于 $0.2\% bh = 0.002 \times 620 \times 990 = 1227\text{mm}^2$

故,选 A_s 及 A'_s 为 $4\Phi20$ ($A_s = 1250\text{mm}^2$)。

【例题 6-5】 有一 6m 大开间多层砌体房屋,底层从室内地坪至楼层高度为 5.4m,已知底层某一墙体受设计轴力 $N = 250\text{kN/m}$,墙厚只允许 240mm,组合墙的平面尺寸如图 6-5 所示。试计算该墙体的允许承载力。

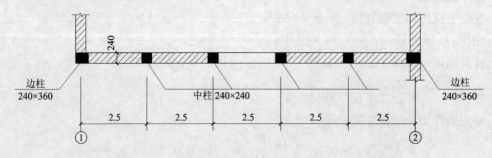

图 6-5 组合墙平面布置图

【解】 1. 选择材料

砌体:MU10 砖,M7.5 水泥混合砂浆,砌体强度 $f = 1.69\text{MPa}$(B级),$[\beta] = 26$

构造柱:C20 混凝土,$f = 9.6\text{MPa}$,钢筋、边柱、中柱均为 $4\Phi14$,$A'_s = 615\text{mm}^2$,$f'_y = 300\text{MPa}$。

2. 高厚比验算

按条件该房屋为刚性方案,组合墙的计算高度 $H_0 = 1.0H = 5.4 + 0.5 = 5.9\text{m}$

高厚比 $\beta = \dfrac{H_0}{h} = \dfrac{5.9}{0.24} = 24.6 < [\beta] = 26$（当墙体的高厚比 β 大于允许高厚比 $[\beta]$ 时，尚可乘以允许高厚比的提高系数 μ_c，此例不必考虑）

3. 承载力计算

组合墙的配筋率 $\rho = \dfrac{A'_s}{bh} = \dfrac{615}{240 \times 2500} \times 100 = 0.1\%$

由 β 和 ρ 查表6-1得：$\varphi_{com} = 0.538$

墙体净面积取一个柱距考虑，$A_n = 240 \times (2500 - 240) = 542400 \text{mm}^2$

构造柱面积 $A_c = 240 \times 240 = 57600 \text{mm}^2$

当 $l = 2.5$ 时，$\eta = \left[\dfrac{1}{\dfrac{l}{b_c} - 3}\right]^{\frac{1}{4}} = \left[\dfrac{1}{\dfrac{2.5}{0.24} - 3}\right]^{\frac{1}{4}} = 0.606$

则有 $[N] = \varphi_{com}[fA_n + \eta(f_c A_c + f'_y A'_s)]$

$[N] = 0.538 \times [1.69 \times 542400 + 0.606 \times (57600 \times 9.6 + 300 \times 615)] \times 10^{-3}$

$\qquad = 733.6 \text{kN}$

折合每延长米为 $733.6/2.5 = 293.4 \text{kN} > N = 250 \text{kN}$

按构造要求，楼层圈梁截面取 240×240，$4\,\Phi\,12$，箍筋为 $\phi 6@200$，基础顶处设置底圈梁，截面配筋同楼层。另外因本楼层较高，亦在1/2层高附近处设60mm高混凝土配筋带。

从本例看，采用组合墙后其承载力增加了51%。

第三节 配筋混凝土砌块砌体剪力墙

配筋混凝土砌块砌体属于一种装配整体式钢筋混凝土剪力墙，其受力性能与钢筋混凝土的受力性能相近。为此，其设计计算类似于钢筋混凝土剪力墙。

一、配筋混凝土砌块砌体剪力墙、柱轴心受压承载力计算

轴心受压配筋砌块砌体剪力墙、柱，当配有箍筋或水平分布钢筋时，其正截面受压承载力应按下列公式计算：

$$\left. \begin{array}{l} N \leqslant \varphi_{0g}(f_g A + 0.8 f'_y A'_s) \\ \varphi_{0g} = \dfrac{1}{1 + 0.001\beta^2} \end{array} \right\} \qquad (6\text{-}13)$$

式中 N——轴向力设计值；

f_g——灌孔砌体的抗压强度设计值，应按公式(2-13)计算；

f'_y——钢筋的抗压强度设计值；

A——构件的毛截面面积；

A'_s——全部竖向钢筋的截面面积；

φ_{0g}——轴心受压构件的稳定系数；

β——构件的高厚比。配筋砌块砌体构件的计算高度 H_0 可取层高。

轴心受压配筋砌块砌体剪力墙、柱，当未配有箍筋或水平分布钢筋时，其正截面受压承载力仍可按式(6-13)计算,但应取 $f'_y A'_s = 0$。

二、配筋混凝土砌块砌体剪力墙、柱正截面偏心受压承载力

(一)基本假定

配筋砌块砌体构件正截面承载力应按下列基本假定进行计算:

1. 截面应变保持平面;
2. 竖向钢筋与其毗邻的砌体、灌孔混凝土的应变相同;
3. 不考虑砌体、灌孔混凝土的抗拉强度;
4. 根据材料选择砌体、灌孔混凝土的极限压应变,且不应大于0.003;
5. 根据材料选择钢筋的极限拉应变,且不应大于0.01。

(二)破坏特征

类似于钢筋混凝土受压构件,根据承载力极限状态时的特征,有两类破坏:

1. 大偏心受压:破坏时,离竖向荷载较远侧的受拉主筋和离竖向荷载较近侧的受压主筋及分布钢筋达到屈服强度;中和轴附近分布钢筋应力较小;离竖向荷载较近侧的砌体受压达到极限抗压强度。
2. 小偏心受压:破坏时,离竖向荷载较近侧的受压主筋达到屈服强度,另一侧的主筋可能受压也可能受拉,但达不到屈服强度;竖向分布钢筋大部分受压,但应力较小;离竖向荷载较近侧的砌体受压达到极限抗压强度。

(三)大小偏心受压界限

界限破坏:离竖向荷载较远侧的受拉主筋屈服的同时,离竖向荷载较近侧的砌体受压达到极限抗压强度,离竖向荷载较近侧的受压主筋也达到屈服。

根据平截面假定,可以确定其界限相对受压区高度为:

$$\xi_b = 0.8 \frac{\varepsilon_{mc}}{\varepsilon_{mc} + \varepsilon_s} \tag{6-14}$$

根据砌体和钢筋的极限压应变可以求得:对HPB235级钢筋取 ξ_b 等于0.60,对HRB335级钢筋取 ξ_b 等于0.53。

对于矩形截面的配筋混凝土砌块砌体剪力墙,

当 $x \leqslant \xi_b h_0$ 时,为大偏心受压;

当 $x > \xi_b h_0$ 时,为小偏心受压。

式中 ξ_b——界限相对受压区高度;

x——截面受压区高度;

h_0——截面有效高度。

(四)矩形截面大偏心受压承载力计算

根据基本假设,可得到大偏心受压构件计算简图,如图(6-6a)。由计算简图,得到大偏心受压构件计算公式:

$$N \leqslant f_g bx + f'_y A'_s - f_y A_s - \sum f_{si} A_{si} \tag{6-15}$$

$$Ne_N \leqslant f_g bx(h_0 - x/2) + f'_y A'_s(h_0 - a'_s) - \sum f_{si} S_{si} \tag{6-16}$$

式中 N——轴向力设计值;

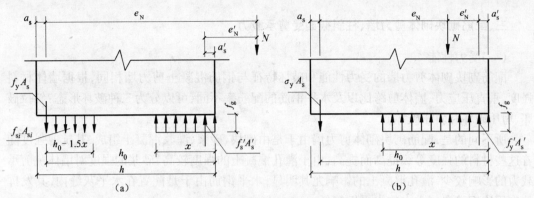

图 6-6 矩形截面偏心受压正截面承载力计算简图
(a)大偏心受压;(b)小偏心受压

f_g——灌孔砌体的抗压强度设计值;
f_y, f'_y——竖向受拉、压主筋的强度设计值;
b——截面宽度;
f_{si}——竖向分布钢筋的抗拉强度设计值;
A_s, A'_s——竖向受拉、压主筋的截面面积;
A_{si}——单根竖向分布钢筋的截面面积;
S_{si}——第 i 根竖向分布钢筋对竖向受拉主筋的面积矩;
e_N——轴向力作用点到竖向受拉主筋合力点之间的距离,可按与组合砌体相同的方法计算。

当受压区高度 $x<2a'_s$ 时,其正截面承载力可按下式进行计算:

$$Ne'_N \leqslant f_y A_s (h_0 - a'_s) \tag{6-17}$$

式中 e'_N——轴向力作用点至竖向受压主筋合力点之间的距离。

(五)矩形截面小偏心受压承载力计算

由计算简图,如图(6-6b),得到小偏心受压构件计算公式:

$$N \leqslant f_g bx + f'_y A'_s - \sigma_s A_s \tag{6-18}$$

$$Ne_N \leqslant f_g bx(h_0 - x/2) + f'_y A'_s (h_0 - a'_s) \tag{6-19}$$

$$\sigma_s = \frac{f_y}{\xi_b - 0.8}\left(\frac{x}{h_0} - 0.8\right) \tag{6-20}$$

当受压区竖向受压主筋无箍筋或无水平钢筋约束时,可不考虑竖向受压主筋的作用,即取 $f'_y A'_s = 0$。

(六)平面外偏心受压承载力计算

按我国目前混凝土砌块标准,砌块的厚度为 190mm,标准块最大孔洞率为 46%,在孔洞尺寸 120mm×120mm 的情况下,孔洞中只能设置一根钢筋。因此配筋砌块砌体墙在平面外的偏心受压承载力,按无筋砌体构件偏心受压承载力的计算偏于安全,但抗压强度取值应采用灌孔砌体的抗压强度设计值,即按下式计算:

$$N \leqslant \varphi f_g A \tag{6-21}$$

三、配筋砌块砌体剪力墙、柱斜截面受剪承载力

(一)受力性能

配筋砌块砌体剪力墙的受力性能和破坏特征与钢筋混凝土剪力墙相同,根据墙体材料强度、垂直压应力、墙体剪跨比以及水平钢筋的配筋率不同,可以分为三种破坏形态:斜拉破坏、剪压破坏和斜压破坏。

所不同的是,配筋砌块砌体剪力墙由于是由砌块、砂浆、灌浆混凝土组成,其抗剪强度随着这些材料的强度等级提高而提高,由于灌孔混凝土的强度较高,砂浆的强度对墙体抗剪承载力的影响较少,灌孔混凝土的影响尤其明显;水平钢筋由于是配置在水平灰缝内,其发挥的作用比钢筋混凝土内的水平钢筋低。

(二)承载力计算

按照钢筋混凝土剪力墙的计算模式,但又考虑砌体特点,这些特点包括:

1. 灌孔砌块砌体采用抗剪强度 f_{vg},而不像混凝土那样采用抗拉强度 f_t;

2. 试验表明水平钢筋的贡献是有限的,特别是在较大剪跨比的情况下更是如此,故对该项的承载力进行降低;

3. 轴向力或正应力对抗剪承载力的影响项,对偏压和偏拉采用了不同的系数:偏压为 +0.12,偏拉为 -0.22。

由此,得到剪力墙在偏心受压时的斜截面受剪承载力计算公式:

$$V \leqslant \frac{1}{\lambda - 0.5}\left(0.6 f_{vg} b h_0 + 0.12 N \frac{A_w}{A}\right) + 0.9 f_{yh} \frac{A_{sh}}{s} h_0 \tag{6-22}$$

以及剪力墙在偏心受拉时的斜截面受剪承载力计算公式:

$$V \leqslant \frac{1}{\lambda - 0.5}\left(0.6 f_{vg} b h_0 - 0.22 N \frac{A_w}{A}\right) + 0.9 f_{yh} \frac{A_{sh}}{s} h_0 \tag{6-23}$$

$$\lambda = M / V h_0 \tag{6-24}$$

式中 f_{vg}——灌孔砌体抗剪强度设计值;

M、N、V——计算截面的弯矩、轴向力和剪力设计值,当 $N > 0.25 f_g bh$ 时取 $N = 0.25 f_g bh$;

A——剪力墙的截面面积;

A_w——T形或倒L形截面腹板的截面面积,对矩形截面取 A_w 等于 A;

λ——计算截面的剪跨比,当 λ 小于 1.5 时取 1.5,当 λ 大于等于 2.2 时取 2.2;

h_0——剪力墙截面的有效高度;

A_{sh}——配置在同一截面内的水平分布钢筋的全部截面面积;

s——水平分布钢筋的竖向间距;

f_{yh}——水平钢筋的抗拉强度设计值。

为了防止墙体不产生脆性的斜压破坏,剪力墙的截面应满足:

$$V \leqslant 0.25 f_g bh \tag{6-25}$$

四、连梁的承载力

配筋砌块砌体连梁,当跨高比较小时,如小于 2.5,即所谓"深梁"的范围,而此时的受力

更像小剪跨比的剪力墙,只不过 σ_0 的影响很小;当跨高比大于 2.5 时,即所谓的"浅梁"范围,而此时受力则更像大剪跨比的剪力墙。因此剪力墙的连梁除满足正截面承载力要求外,还必须满足受剪承载力要求,以避免连梁产生受剪破坏后导致剪力墙的延性降低。

连梁的正截面受弯承载力应按现行国家标准《混凝土结构设计规范》受弯构件的有关规定进行计算,应采用配筋砌块砌体相应的计算参数和指标。

配筋砌块砌体剪力墙连梁的斜截面受剪承载力按下列公式计算:

$$V_b \leqslant 0.8 f_{vg} b h_0 + f_{yv} \frac{A_{sv}}{s} h_0 \tag{6-26}$$

式中 V_b——连梁的剪力设计值;
  b——连梁的截面宽度;
  h_0——连梁的截面有效高度;
  A_{sv}——配置在同一截面内箍筋各肢的全部截面面积;
  f_{yv}——箍筋的抗拉强度设计值;
  s——沿构件长度方向箍筋的间距。

且连梁的截面应符合下列要求:

$$V_b \leqslant 0.25 f_g b h \tag{6-27}$$

连梁也可采用钢筋混凝土,连梁的承载力应按现行国家标准《混凝土结构设计规范》的有关规定进行计算。

【例题 6-6】 某高层配筋混凝土砌块砌体剪力墙房屋中的墙肢,墙高 4.4m,截面尺寸为 190mm×5500mm,采用孔洞率为 45% 的砌块 MU20、水泥混合砂浆 Mb15 砌筑,用 Cb30 混凝土灌孔,截面配筋如图 6-7 所示,施工质量控制等级为 A 级。作用于该墙肢的内力 $N = 1290$kN,$M = 1180$kN·m,$V = 200$kN。试核算该墙肢的正截面承载力和斜截面承载力。

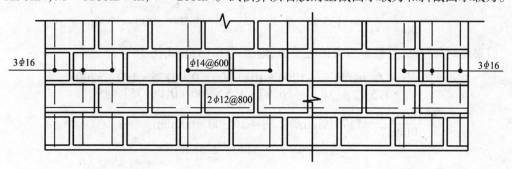

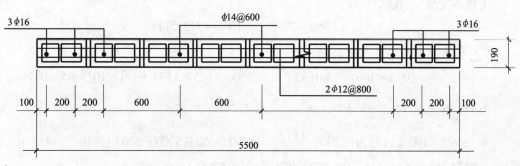

图 6-7 墙肢配筋图

【解】 对于配筋混凝土砌块砌体剪力墙高层建筑,剪力墙的施工质量控制等级定为 A 级,但计算时仍取用施工质量控制等级为 B 级的强度指标,有利于进一步增大该结构体系的安全储备。

$f = 5.68\text{MPa}$,Cb30 混凝土,$f_c = 14.3\text{MPa}$。HRB335 级钢筋,$f_y = f'_y = 300\text{MPa}$。

因竖向分布钢筋间距为 600,其灌孔率 $\rho = 33\%$,由式(2-14)$\alpha = \delta\rho = 0.45 \times 0.33 = 0.15$。

由式(2-13)$f_g = f + 0.6\alpha f_c = 5.68 + 0.6 \times 0.15 \times 14.3 = 6.97\text{MPa} < 2f_c$

由剪力墙端部已设置 3Φ16 竖向受力主筋,其配筋率为 0.53%;竖向分布钢筋为 Φ14@600,其配筋率为 0.135%;水平分布钢筋为 2ϕ12@800,其配筋率为 0.15%,均满足构造配筋要求。

1. 偏心受压时正截面承载力验算

轴向力的初始偏心距 $e_i = \dfrac{M}{N} = \dfrac{1180 \times 10^3}{1290} = 914.7\text{mm}$

$\beta = \dfrac{H_0}{h} = \dfrac{4.4}{5.5} = 0.8$,由式(6-8)附加偏心距

$$e_a = \dfrac{\beta^2 h}{2200}(1 - 0.022\beta)$$

$$= \dfrac{0.8^2 \times 5500}{2200}(1 - 0.022 \times 0.8) = 1.57\text{mm}$$

轴向力作用点至竖向受拉主筋合力点之间的距离

$$e_N = e_i + e_a + \left(\dfrac{h}{2} - a_s\right)$$

$$= 914.7 + 1.57 + \left(\dfrac{5500}{2} - 300\right) = 3366.3\text{mm}$$

$\rho_w = \dfrac{153.9}{190 \times 600} = 0.135\%$。取 $h_0 = h - a'_s = 5500 - 300 = 5200\text{mm}$

因采用对称配筋,且假定为大偏心受压,则由式(6-15)和式(6-16)

$$x = \dfrac{N + f_{yw}\rho_w b h_0}{(f_g + 1.5 f_{yw}\rho_w)b} = \dfrac{1290 \times 10^3 + 300 \times 0.00135 \times 190 \times 5200}{(6.97 + 1.5 \times 300 \times 0.00135) \times 190}$$

$$= \dfrac{1690140}{1439.7} = 1173.9\text{mm} > 2a'_s = 2 \times 300 = 600\text{mm}$$

$$< \xi_b h_0 = 0.53 \times 5200 = 2756\text{mm}$$

上述假定成立,按式(6-16)

$$Ne_N = 1290 \times 3366.3 \times 10^3 = 4342.5\text{kN}\cdot\text{m}$$

$$\sum f_{yi}S_{si} = 0.5 f_{yw}\rho_w b(h_0 - 1.5x)^2$$

$$= [0.5 \times 300 \times 0.00135 \times 190(5200 - 1.5 \times 1173.9)^2] \times 10^6 = 455.0\text{kN}\cdot\text{m}$$

$$f_g bx\left(h_0 - \dfrac{x}{2}\right) + f'_y A'_s(h_0 - a'_s) - \sum f_{yi}S_{si}$$

$$= \left[6.97 \times 190 \times 1173.9\left(5200 - \dfrac{1173.9}{2}\right) + 300 \times 603(5200 - 300)\right] \times 10^{-6} - 455.0$$

$$= 7171.4 + 886.4 - 455.0 = 7602.8\text{kN}\cdot\text{m} > 4342.5\text{kN}\cdot\text{m}$$

满足要求。

此时还应对平面外轴心受压承载力进行验算。

$$\beta = \frac{4400}{190} = 23.16$$

按式(6-13),$\varphi_{0g} = \dfrac{1}{1+0.001\beta^2} = \dfrac{1}{1+0.001\times 23.16^2} = 0.65$

$$\varphi_{0g}(f_g A + 0.8 f'_y A'_s) = 0.65[6.97\times 190\times 5500 + 0.8\times 300$$
$$(6\times 201 + 0.00135\times 190\times 4500)]\times 10^{-3}$$
$$= 5102.6\text{kN} > 1290\text{kN}。满足要求。$$

2. 偏心受压时斜截面受剪承载力

先校核剪力墙墙肢的截面,由式(6-25),$0.25 f_g bh = 0.25\times 6.97\times 190\times 5500\times 10^{-3}$ = 1820.9kN > 200kN,符合要求。

由式(6-24),$\lambda = \dfrac{M}{Vh_0} = \dfrac{1180\times 10^3}{200\times 5200} = 1.13 < 1.5$,取 $\lambda = 1.5$。

$0.25 f_g bh = 0.25\times 6.97\times 190\times 5500\times 10^{-3} = 1820.9\text{kN} > 1290\text{kN}$,取 $N = 1290\text{kN}$。

$$f_{vg} = 0.2 f_g^{0.55} = 0.2\times 6.97^{0.55} = 0.58\text{MPa}$$

因属偏心受压,按式(6-22),得

$$\frac{1}{\lambda-0.5}\left(0.6 f_{vg} bh_0 + 0.12 N \frac{A_w}{A}\right) + 0.9 f_{yh}\frac{A_{sh}}{s} h_0$$

$$= \left[(0.6\times 0.58\times 190\times 5200 + 0.12\times 1290\times 10^3) + 0.9\times 210\frac{2\times 113.1}{800}\times 5200\right]\times 10^{-3}$$

$$= 343.8 + 154.8 + 277.9$$

$$= 776.5\text{kN} > 220\text{kN}。$$

满足要求。

本例是某实际工程中的一个墙肢,上述计算结果表明,该墙肢的承载力均有较大富余。

【例题 6-7】 某高层住宅,采用配筋混凝土砌块砌体剪力墙承重,其中一墙肢高 3m,截面尺寸为 190mm×3800mm,采用混凝土空心砌块(孔洞率 46%)MU20、水泥混合砂浆 Mb15 砌筑,Cb40 混凝土灌孔,截面配筋如图 6-8 所示,施工质量控制等级为 A 级。作用于该墙肢的内力 $N = 240$kN,$M = 1450$kN·m,已配置竖向分布钢筋 $\Phi16@400$。试按对称配筋选择边缘构件的竖向受力钢筋。

【解】 $f = 5.68$MPa。Cb40 混凝土,$f_c = 19.1$MPa。HRB335 级钢筋,$f_y = f'_y = 300$MPa。

砌块孔洞率 $\delta = 46\%$。因隔孔灌芯,灌孔率 $\rho = 50\%$,$\alpha = \delta\rho = 0.46\times 0.5 = 0.23$。

由 $f_g = f + 0.6\alpha' f_c = 5.68 + 0.6\times 0.23\times 19.1 = 8.31\text{MPa} < 2f$。

竖向分布钢筋的配筋率 $\rho_w = \dfrac{201}{190\times 400} = 0.26 > 0.07\%$。取 $h_0 = 3800 - 300 = 3500$mm。

现采用对称配筋,假定为大偏心受压,得

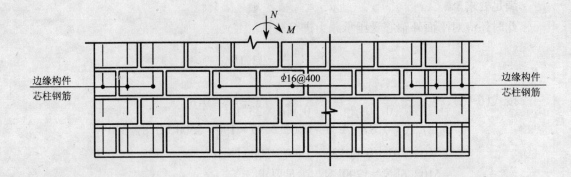

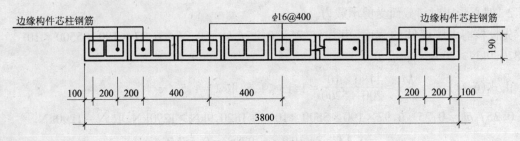

图 6-8 墙肢截面

$$x = \frac{N + f_{yw}\rho_w b h_0}{(f_g + 1.5 f_{yw}\rho_w)b} = \frac{240 \times 10^3 + 300 \times 0.0026 \times 190 \times 3500}{(8.31 + 1.5 \times 300 \times 0.0026) \times 190}$$

$$= \frac{758700}{1801.2} = 421.2 \text{mm} < 2a'_s,\text{上述假定成立。}$$

轴向力的初始偏心距 $e_i = \dfrac{M}{N} = \dfrac{1450 \times 10^3}{240} = 6041.7 \text{mm}$

$\beta = \dfrac{H_0}{h} = \dfrac{3}{3.8} = 0.79$，由式(6-8)得附加偏心距为：

$$e_a = \frac{\beta^2 h}{2200}(1 - 0.022\beta)$$

$$= \frac{0.79^2 \times 3800}{2200}(1 - 0.022 \times 0.79) = 1.06 \text{mm}$$

A'_s 至 N 作用点的距离

$$e'_N = e_i + e_a - \left(\frac{h}{2} - a'_s\right)$$

$$= 6041.7 + 1.06 - \left(\frac{3800}{2} - 300\right) = 4442.8 \text{mm}$$

得

$$A_s = A'_s = \frac{Ne'_N}{f_y(h_0 - a_s)}$$

$$= \frac{240 \times 10^3 \times 4442.8}{300(3500 - 300)} = 1110.7 \text{mm}^2$$

选用边缘构件竖向受力钢筋为 3Φ22(实配 $A_s = 1140.3 \text{mm}^2$)。

【例题 6-8】 某高层配筋混凝土砌块砌体剪力墙房屋中的墙肢,截面尺寸为 190mm×

3600mm,采用混凝土空心砌块(孔洞率46%)MU20、水泥混合砂浆Mb15砌筑,用Cb40混凝土全灌孔,施工质量控制等级为A级。作用于该墙肢的内力$N=5000$kN,$M=1680$kN·m,$V=770$kN。试选择该墙肢的水平分布钢筋。

【解】 $f=5.68$MPa,Cb40混凝土,$f_c=19.1$MPa。水平钢筋选用HPB235级,$f_{yh}=210$MPa。

因竖向全灌孔,$\alpha=\delta\rho=0.46\times1=0.46$

由式(2-13),$f_g=f+0.6\alpha'f_c=5.68+0.6\times0.46\times19.1=10.95MPa<2f$。

由式(2-19),$f_{vg}=0.2f_g^{0.55}=0.2\times10.95^{0.55}=0.74$MPa

由式(6-25),$0.25f_gbh=0.25\times10.95\times190\times3600\times10^{-3}=1872.4kN>770$kN,墙肢截面符合要求。

由式(6-24),$\lambda=\dfrac{M}{Vh_0}=\dfrac{1680\times10^3}{770\times3300}=0.66<1.5$,取 $\lambda=1.5$

$0.25f_gbh=0.25\times10.95\times190\times3600\times10^{-3}=1872.4kN<N$,取 $N=1872.4$kN。

按式(6-23)

$$\dfrac{A_{sh}}{s}=\dfrac{V-0.6f_{vg}bh_0\ 0.12N}{0.9f_{yh}h_0}$$

$$=\dfrac{770\times10^3-0.6\times0.74\times190\times3300-0.12\times1872.4\times10^3}{0.9\times210\times3300}=0.43\text{mm}$$

选用水平分布钢筋为$\phi12@200$(实配$\dfrac{A_{sh}}{s}=\dfrac{113.1}{200}=0.565$mm)。其配筋率为$\dfrac{113.1}{190\times200}=0.297\%>0.07\%$,满足要求。

【例题6-9】 某配筋混凝土砌块砌体剪力墙中的连系梁,截面尺寸为190mm×600mm,采用混凝土空心砌块(孔洞率46%)MU15、水泥混合砂浆Mb15砌筑,用Cb25混凝土全灌孔,施工质量控制等级为A级。作用于连系梁的内力$M_h=60$kN·m,$V_h=90$kN。试选择该连系梁的钢筋。

【解】 $f=4.61$MPa,因连梁截面面积$0.19\times0.6=0.114$m²<0.2m²,故砌体抗压强度修正为$f=4.61\times(0.8+0.114)=4.21$MPa。Cb25混凝土,$f_c=11.9$MPa。

$$\alpha=\delta\rho=0.46\times1=0.46$$
$$f_g=f+0.6\alpha'f_c=4.21+0.6\times0.46\times11.9=7.49\text{MPa}<2f$$
$$f_{vg}=0.2f_g^{0.55}=0.2\times7.49^{0.55}=0.61\text{MPa}$$

1. 按正截面受弯承载力计算

配筋混凝土砌块砌体连系梁的正截面受弯承载力。可按钢筋混凝土受弯构件的方法计算,但应取用配筋混凝土砌块砌体的计算指标。

采用HRB335级钢筋,$f_y=300$MPa。

$$\alpha_s=\dfrac{M_b}{f_gbh_0^2}=\dfrac{60\times10^6}{7.49\times190\times550^2}=0.14$$

$$\xi=1-\sqrt{1-2\alpha_s}=1-\sqrt{1-2\times0.14}=0.15<0.54$$

$$A_s=\dfrac{\xi f_gbh_0}{f_y}=\dfrac{0.15\times7.49\times190\times550}{300}=391.3\text{mm}^2$$

选用 2Φ16 水平受力钢筋(实配 $A_s = 402\text{mm}^2$),配筋率 $\rho = \dfrac{402}{190 \times 550} = 0.38\% > 0.2\%$,符合要求。

2. 按斜截面受剪承载力计算

采用 HPB235 级钢筋,$f_{yv} = 210\text{MPa}$。

由式(6-25),$0.25 f_g bh = 0.25 \times 7.49 \times 190 \times 600 \times 10^{-3} = 213.5\text{kN} > V_b$。该连系梁截面符合要求。

按式(6-26),得

$$\frac{A_{sv}}{s} = \frac{V_b - 0.8 f_{vg} bh_0}{f_{yv} h_0} = \frac{90 \times 10^3 - 0.8 \times 0.61 \times 190 \times 550}{210 \times 550} = 0.338\text{mm}$$

选用双肢箍筋 $\phi 8 @ 200$,实配 $\dfrac{A_{sv}}{s} = \dfrac{101}{200} = 0.505\text{mm}$,箍筋的配筋率为 $\dfrac{101}{190 \times 200} = 0.26\% > 0.15\%$,符合要求。

思考题和习题

思考题 6-1 网状配筋砌体为什么能提高砌体抗压强度?网状配筋砌体使用范围有哪些限制?

思考题 6-2 组合砖砌体构件计算时,为什么受压钢筋的强度要取小于 1 的强度利用系数?

思考题 6-3 组合砖砌体的破坏有哪两类?什么是界限破坏?

思考题 6-4 试简述构造柱间距对组合墙承载力的影响。

思考题 6-5 配筋砌块砌体构件正截面承载力计算时,采用了哪几个基本假设?

思考题 6-6 你对配筋砌块砌体剪力墙平面外偏心受压承载力计算有何思考?

思考题 6-7 配筋砌块砌体构件斜截面破坏有哪几种?设计时,应分别如何防止?

思考题 6-8 配筋砌块砌体剪力墙中连梁应进行哪几方面的承载力计算?

习题 6-1 某房屋中横墙厚 240mm,计算高度 $H_0 = 2.88\text{m}$,墙体采用 MU10 粘土多孔砖、M7.5 水泥混合砂浆砌筑,施工质量控制等级为 B 级,采用 $\phi^b 4$ 焊接网片,网的方格尺寸为 50mm,网的竖向间距取 2 皮砖(400mm)。该墙承受轴心压力设计值为 450kN/m。试验算该墙的受压承载力。

习题 6-2 有一砖柱,截面为 370×490mm,柱高 4.50m,承受轴向力设计值 $N = 350\text{kN}$(包括柱自重),轴向力作用在柱的长边,其偏心距为 30mm。柱采用 MU10 的烧结普通砖、M7.5 水泥砂浆砌筑,施工质量控制等级为 B 级,试验算其承载力并满足要求。

习题 6-3 一刚性方案房屋的柱,采用组合砖砌体,截面为 620×620mm(如图 6-9),柱的计算高度为 6.5m,承受设计轴向力 $N = 600\text{kN}$,偏心距 $e = 50\text{mm}$。采用 MU10 砖,M7.5 水泥混合砂浆,C20 混凝土,HRB335 级钢筋,施工质量控制等级为 B 级,求 A_s 及 A'_s。

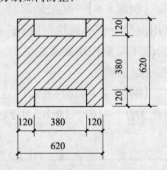

图 6-9 习题 6-3 组合砖柱截面

习题 6-4 某弹性方案单跨无吊车房屋边柱,采用混凝土面层的组合砖柱,柱的计算高度为 6.2m,截面尺寸如图 6-10 所示。承受设计轴向力 $N = 350\text{kN}$,沿长边方向作用弯矩设计值 175kN·m。采用 MU10 烧结页岩普通砖及 M10 水泥混合砂浆砌筑,采用 C20 混凝土,施工质量控制等级为 B 级,采用对称配筋,试按对称配筋选择柱的纵向钢筋。

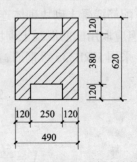

图 6-10 习题 6-4 组合砖柱截面

习题 6-5 某一承重墙厚 240mm,计算高度 $H_0=3600$mm,采用 MU10 普通砖,M5 水泥混合砂浆砌筑,施工质量控制等级为 B 级,墙内设有构造柱组成的组合墙,构造柱截面尺寸 240mm×240mm,构造柱间距为 2500mm,构造柱采用 C20 混凝土及 HPB235 级钢筋,配有竖向受力钢筋 $4\phi14(A'_s=610$mm$^2)$,其箍筋一般部位采用 $\phi6@200$,柱上下端 500 范围内采用 $\phi6@100$,试求该组合墙的承载力。

习题 6-6 某配筋混凝土砌块砌体剪力墙,截面宽度 $b=190$mm,截面高度 $h=4200$mm,如图 6-11 所示,采用 MU10 砌块(孔洞率 45%),Mb10 水泥混合砂浆砌筑,灌孔混凝土为 Cb20,剪力墙内竖向分布钢筋 $\Phi14@400$,施工质量控制等级为 B 级,作用剪力墙上的内力设计值为 $M=1600$kN·m,$N=1200$kN,$V=240$kN,求剪力墙两端配置的竖向受力钢筋 A_s 和 $A'_s(A_s=A'_s)$ 以及墙内水平分布钢筋。

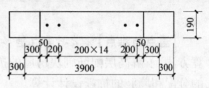

图 6-11 剪力墙截面尺寸

习题参考答案

习题 6-1 轴心受压横墙一般取 1m 宽作为计算单元,如该计算单元的截面面积少于 0.2m^2,不需对砌体抗压强度值进行修正。

计算单元承载力 $\varphi_n A f_n = 462.6$kN $> N = 450$kN,满足要求。

习题 6-2 本题类似【例题 6-1】,先按照无筋砌体进行验算,若承载力不满足要求,由于 $e/h=0.06<0.17$,可采用网状配筋砌体,重新进行设计。

注意无筋砌体抗压强度调整系数 $\gamma_a=0.7+A$,而配筋砌体抗压强度调整系数 $\gamma_a=0.8+A$。

该柱承载力 $\varphi A f = 205$kN $< N = 350$kN,不满足承载力要求,若采用焊接冷拔低碳钢丝方格网状配筋,钢丝间距 50mm,网的竖向间距采用 3 皮砖,则其承载力 $\varphi_n A f_n = 399$kN $> N = 350$kN,满足要求。

习题 6-3 A_s 及 A'_s 均为未知,补充方程 $x=0.425h_0$,计算得到 $A_s<0$,按最小配筋率进行配筋 $A_s=0.1\%bh$。然后按 A_s 已知,重新计算 A'_s,本题计算出 $A'_s<0$,按最小配筋率进行配筋 $A'_s=0.2\%bh$。

习题 6-4 本题类似【例题 6-4】。若假设 $x\leqslant h_c$,则可以计算出 $x=122.6$mm $> h_c=120$mm,应按 $x\geqslant h_c$ 重新计算 x:将 $A'_c=b_c h_c$,$A'=bx-A'_c$,代入 $N=fA'+f_cA'_c$,计算得到 $x=123.6$mm。再将

$$S_{c,N}=b_c h_c \left[e+e_i - \left(\frac{h}{2} - \frac{h_c}{2} \right) \right]$$

$$S_N = (bx - b_c h_c) \left\{ (e+e_i) - \left[\frac{h}{2} - \frac{bx^2 - b_c h_c^2}{2(bx - b_c h_c)} \right] \right\}$$

代入 $fS_N + f_c S_{cN} + f_y A_s(e'_N - e_N) = 0$,可以解得 $A_s = 599$mm^2,小于最小配筋率 $0.2\%bh = 0.002 \times 490 \times 620 = 607$mm^2,故按最小配筋率配筋。

习题 6-5 $N_u = 373$kN/m

习题 6-6 偏心受压时正截面承载力计算:

先假定为大偏心受压,计算出 $x=1303$mm $> 2a'_s = 2 \times 300 = 600$mm
$< \xi_b h_0 = 2067$mm,确为大偏压。

代入基本公式解得 $A_s = A'_s = -334$mm$^2 < 0$,按构造配筋。

第七章 砌体结构房屋抗震设计

【重点与难点】 学习重点是多层无筋砌体房屋抗震概念设计相关方面的问题及设计计算方法，了解高层配筋砌块房屋的抗震设计方法。难点是房屋抗震概念设计、楼层地震剪力的分配和墙肢的抗震设计计算。

【学习方法】 在熟悉结构力学，尤其是结构动力学的基础之上，结合砌体结构房屋的实际震害和受力特性，掌握砌体结构房屋在水平地震作用下的计算模型和地震作用的计算方法。根据墙肢的破坏特征和试验结果，搞清楚墙肢在水平地震作用下的正截面承载力和斜截面承载力的设计计算方法。

第一节 概 念 设 计

由于地震具有很大的不确定性，而且目前的分析手段还不可能充分考虑结构实际存在的空间作用以及材料的时效（构件性质随时间的变化）、阻尼的变化等，结构抗震设计计算理论远未达到科学的严密程度，因此，单靠设计计算，是不可能设计出具有良好抗震性能的结构的。只有着眼于概念设计（包括构造要求），从设计一开始就全面合理地把握好结构设计中的基本问题（结构布置、结构体系、刚度分布和结构延性等），再结合计算设计，才能得到一项较为满意的抗震结构。

一、对房屋结构体系的要求

1．应优先采用横墙承重或纵横墙共同承重的结构体系。

2．纵横墙的布置宜均匀对称，沿平面内对齐，沿竖向应上下连续，同一轴线上窗间墙宜均匀。

3．有下列情况之一时，宜设置防震缝，缝宽应根据烈度和房屋高度确定，可采用50～100mm：

(1)房屋立面高差在6m以上；

(2)房屋有错层，且楼板高差较大；

(3)各部分结构刚度、质量截然不同。

4．楼梯间不宜设置在房屋的尽端头和转角处。

5．烟道、风道等不能削弱墙体，当墙体被削弱时，应采取加强措施。

6．不应采用无锚固的钢筋混凝土预制挑檐。

二、房屋各类尺寸的限制

(一)多层房屋的层数和高度的限制

1．一般情况下房屋的层数和总高度不应超过《建筑抗震设计规范》表7.1.2的规定。

2. 对于医院、教学楼等及横墙较少的多层砌体房屋,总高度应比《建筑抗震设计规范》表 7.1.2 的规定降低 3m,层数相应减少一层,各层横墙很少的多层砌体房屋还应根据具体情况再适当降低总高度和减少层数(横墙较少指同一楼层内开间大于 4.2m 的房间占该层总面积的 40% 以上)。

3. 横墙较少的多层砖砌体住宅楼,当按规定采取加强措施并满足抗震承载力要求时,其高度和层数应允许仍按《建筑抗震设计规范》表 7.1.2 规定采用。

4. 普通砖、多孔砖和小砌块砌体承重房屋的层高,不应超过 3.6m。

5. 多层砌体房屋总高度与总宽度的最大比值,宜符合《建筑抗震设计规范》表 7.1.2 的要求。注意:单面走廊房屋总宽度不包括走廊宽度;点式、墩式建筑的高宽比宜适当减小。

(二)房屋抗震墙间距的规定

为了保证房屋的整体刚度,房屋抗震横墙的间距,不应超过《建筑抗震设计规范》中表 7.1.5 的要求。该要求与房屋的楼屋盖类别(刚度)有关。

(三)房屋砌体墙段的局部尺寸限值的规定

房屋中砌体墙段的局部尺寸,包括承重窗间墙最小宽度、承重外墙尽端至门窗洞边的最小距离等,应符合《建筑抗震设计规范》中表 7.1.6 的要求。

三、改善结构的变形能力和耗能能力

多层无筋砌体房屋在水平地震的作用下,常见的破坏形式为墙体剪切破坏,而这种破坏形式延性很差,导致房屋开裂或者倒塌。为了改善这种房屋的变形性能和耗能能力,通常采用设置钢筋混凝土构造柱或芯柱、现浇圈梁、配筋砌体的措施。

1. 设置钢筋混凝土构造柱(芯柱)

构造柱通常是指在房屋纵横墙交接处设置的竖向钢筋混凝土构件,是一种后浇并与墙体整体连接的柱。试验和实际震害表明,构造柱可以提高无筋砌体房屋墙体的抗剪强度,大大改善墙体的变形性能和耗能能力,并可以加强房屋的整体性,是一种很好的改善无筋砌体房屋抗震性能的措施。

2. 设置现浇钢筋混凝土圈梁

现浇钢筋混凝土圈梁一般设在房屋的楼、屋盖处。它与构造柱一起,增强了房屋的整体性和空间刚度,约束墙体开裂,从而提高墙体的稳定性,并可以加强墙体间的连接以及墙体与楼盖间的连接,是一种很有效的抗震构造措施。

3. 配筋砌体

配筋砌体有多种形式(见第五章),它可以较大幅度提高墙体的抗剪强度和变形性能。与前两种措施不同,通常用计算的方法确定墙体的竖向和水平配筋。

四、加强结构整体性的其他措施

砌体结构房屋抗震性能差的主要原因之一是房屋的整体性差。除了设置钢筋混凝土构造柱和圈梁以外,还要通过设置拉结钢筋的方式加强墙体与墙体、墙体与楼屋盖、墙体与其他结构构件之间的连接。

五、加强楼梯间的抗震措施

楼梯间墙体的震害比其他部位墙体的震害要严重得多。设计时一般不容许将楼梯间设置在端部第一开间,还需对楼梯间墙体进行特别加强,以保证楼梯间墙体的抗震能力。

六、对结构材料的要求

烧结普通砖和烧结多孔砖的强度等级不应低于MU10,其砌筑砂浆的强度等级不应低于M5;混凝土小型空心砌块的强度等级不应低于MU7.5,其砌筑砂浆的强度等级不应低于M7.5;料石的强度等级不应低于MU30,砌筑砂浆的强度等级不应低于M5。

第二节 地震作用及作用效应

一、计算方法

地震作用的计算就是以往所说的计算地震荷载,或称地震反应。地震作用的计算方法很多,《建筑抗震设计规范》规定的有以下三种:

(一)底部剪力法

底部剪力法是一种经过简化的计算方法。由于房屋高度不高,刚度较大,高振型的影响很小,且实际震害中多层砌体结构房屋均表现为剪切破坏,故对低矮的砌体结构房屋只考虑其第一振型的影响。它的基本假定是把多质点体系视为等效的单质点体系,通过大量的计算分析,引入等效质量系数0.85来弥合多质点系底部剪力值与对应的单质点体系底部剪力值的差异。两者等效的前提是质量和基本周期相等。

底部剪力法的运用范围是高度不超过40m、以剪切变形为主的、而且结构质量和刚度沿高度分布比较均匀的建筑。因此,多层砌体、内框架和底层框架房屋都可以适用。

(二)振型分解反应谱法

单自由度体系求取的地震作用比较简单,但是在多自由度体系中、任意一质点i对应的振型j都有相应的地震作用,因此,需要利用振型迭加原理把各质点对应于各振型的地震作用分别按单自由度体系计算后再进行组合。计算时先求出地震作用效应,而后进行组合,可近似采用平方和开方公式求最大值。多层砌体结构、内框架及底层框架结构,一般可以不用振型分解反应谱法计算。只有在结构很不规则以及房屋高度大于40m时,才用振型分解反应谱法计算。

(三)时程分析法

对特别不规则的建筑,特别重要的甲类建筑,和7、8度Ⅰ、Ⅱ类场地土且房屋高度大于80m,8度Ⅰ、Ⅱ类场地土,以及9度且房屋高度大于60m的建筑,宜采用时程分析法进行补充计算。因此,一般砌体结构不必采用时程分析法复核。

本书仅简要介绍底部剪力法的计算方法。

二、底部剪力法的计算方法

(一)计算简图

多层砌体房屋可视为嵌固于基础顶面的竖向悬臂梁,将各楼(屋)和墙体的质量集中在各楼(屋)盖处。当基础埋置较深时,可取为嵌固于室外地坪下 0.5m 处;当设有整体刚度很大的全地下室时,则取为嵌固于地下室顶板顶部;当地下室整体刚度较小或为半地下室时,则应取为嵌固于地下室室内地坪处。

(二)水平地震作用和楼层地震剪力

结构总水平地震作用标准值 F_{Ek} 按下式计算:

$$F_{Ek} = \alpha_1 G_{eq} \tag{7-1}$$

$$G_{eq} = 0.85 \sum_{i=1}^{n} G_i \tag{7-2}$$

式中 F_{Ek}——结构总水平地震作用标准值;

α_1——相当于结构基本自振周期的水平地震影响系数。与反应谱的形状、震源机制、震级大小、场地好坏、离震中远近等有关。考虑到砌体结构的层数不高,刚度较大,基本周期一般均在 0.3s 以内,故不必另行计算周期;《建筑抗震设计规范》规定,多层砌体房屋、底层框架多层砖房、多层内框架房屋,可取水平地震影响系数 α_1 为最大值(α_{max}),即都在反应谱曲线的上平台处。6度、7度、8度和9度时,α_{max} 分别取 0.04、0.08、0.16 和 0.32;

G_{eq}——结构等效总重力荷载。

各楼层的水平地震作用为:

$$F_i = \frac{G_i H_i}{\sum_{j=1}^{n} G_j H_j} F_{Ek} \tag{7-3}$$

作用于第 i 层的楼层地震剪力标准值 V_i 为第 i 层以上的地震作用标准值之和:

$$V_i = \sum_{j=i}^{n} F_j \tag{7-4}$$

注意:

(1)当 $V_i \leqslant \lambda \sum_{j=i}^{n} G_j$(剪力系数 λ,7 度取 0.016,8 度取 0.032,9 度取 0.064)时,取 $V_i = \lambda \sum_{j=i}^{n} G_j$;

(2)突出屋面屋顶间、女儿墙、烟囱等部位,由于鞭梢效应,这些部位地震作用应乘以放大系数 3。

(三)楼层水平地震剪力的分配

楼层水平地震剪力由平行于地震作用方向的墙片共同承受,墙片上如果开有门窗洞口,这些门窗洞口将墙片又分割成多个墙肢,这些墙肢共同承担每一墙片上的地震剪力。因此,我们必须将楼层地震剪力先分配到墙片(第一次分配),然后再将墙片上的地震剪力分配到墙肢(第二次分配),最后验算墙肢的抗震承载力。

两次抗震剪力的分配都是根据楼屋盖的刚度,按照墙片(墙肢)的刚度大小来分配。

1. 墙体的抗侧力刚度

(1)墙肢(无洞墙)的抗侧力刚度

在结构力学中,构件在单位水平力作用下,如果不考虑底部转动的话(砌体结构抗震验算时不考虑),其变形由弯曲变形 δ_b 和剪切变形 δ_s 叠加组成,如图 7-1 所示,因此,墙肢的刚度为:

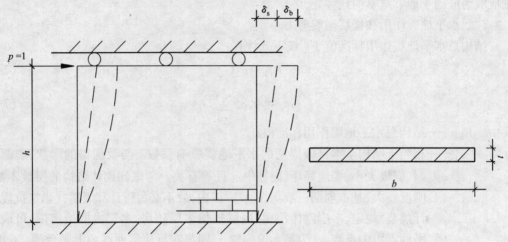

图 7-1 墙体的侧移柔度

$$K = \frac{1}{\delta_b + \delta_s} \tag{7-5}$$

$$\delta_b = \frac{h^3}{12EI} = \frac{1}{Et}\left(\frac{h}{b}\right)^3 = \frac{\rho^3}{Et} \tag{7-6}$$

$$\delta_s = \frac{\xi h}{AG} = \frac{1.2h}{bt \times 0.4E} = \frac{3\frac{h}{b}}{Et} = \frac{3\rho}{Et} \tag{7-7}$$

分析表明,当墙体高宽比 $\rho = h/b < 1$ 时,弯曲变形占总变形的比例很小(多用于横向计算,因横墙一般很少开大洞,高宽比 $\rho = h/b$ 一般小于1),可以忽略不计,故其抗侧力刚度为:

$$K = \frac{1}{\delta_s} = \frac{Et}{3\rho} \tag{7-8}$$

当墙体高宽比 $1 \leq \rho \leq 4$ 时,应同时考虑弯曲变形和剪切变形的影响(多用于纵向计算,因纵墙一般少开有门窗洞,高宽比一般 $\rho = h/b > 1$),其抗侧力刚度为:

$$K = \frac{Et}{\rho^3 + 3\rho} \tag{7-9}$$

当墙体高宽比 $\rho > 4$ 时,其抗侧力刚度很小,不考虑该墙肢分配地震剪力。

(2)有洞墙的抗侧力刚度

1)小洞口墙。小洞口墙是指:有一个或多个均匀分布的不靠边小洞,墙面开洞率小于0.4,洞高与层高之比小于 0.35 时的墙体(如图 7-2)。

小洞口墙可近似地采用无洞口墙的抗侧力刚度乘以开洞折减系数后得到:

$$K = (1 - 1.2\alpha)K_0 \tag{7-10}$$

式中 α——墙面开洞率,$\alpha = \sqrt{b'h'/bh} < 0.4$;

K_0——无洞口墙的抗侧力刚度。

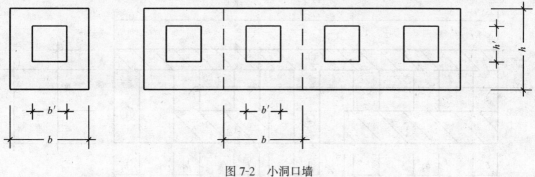

图 7-2 小洞口墙

2) 大洞口墙。对大洞口墙,一般将划分为若干个墙肢后分别计算其墙肢刚度,然后再求出墙肢刚度之和。

当只有窗洞且各洞口高度相同时(如图 7-3),洞口墙的抗侧力刚度为:

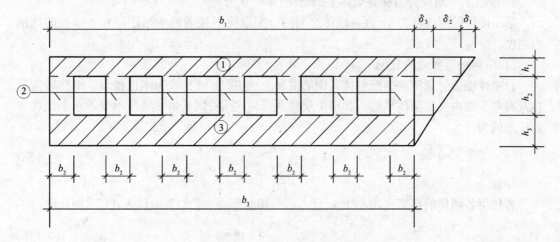

图 7-3 开有洞口时墙肢的划分

$$K = \frac{1}{\delta_1 + \delta_2 + \delta_3} = \frac{1}{\frac{1}{K_1} + \frac{1}{\sum K_2} + \frac{1}{K_3}} \quad (7\text{-}11a)$$

由于 K_1、K_3 水平刚度很大,式(7-11a)可以简化为:

$$K = \sum K_2 \quad (7\text{-}11b)$$

当有门窗洞口且门窗顶、窗台标高相同时(如图 7-4),洞口墙的抗侧力刚度为:

$$K = \frac{1}{\frac{1}{K_1} + \frac{1}{K_4 + \frac{1}{\frac{1}{K_2} + \frac{1}{K_3}}}} \quad (7\text{-}12)$$

由于墙体开洞千变万化,难以统一成一个计算公式。但同一水平上墙肢的刚度可以叠加(如式 7-11a);同一高度上墙肢的柔度可以叠加(如式 7-12)。

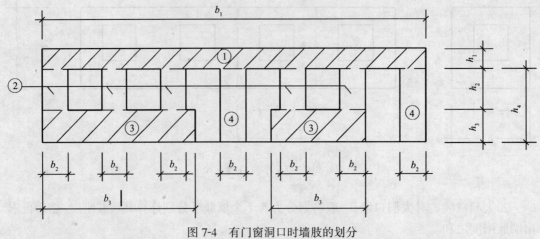

图 7-4 有门窗洞口时墙肢的划分

2. 楼层水平地震剪力在各墙体上的分配(第一次分配)

第 i 楼层的地震剪力 V_i 在各墙体之间的分配取决于楼盖的水平刚度和各墙肢的抗侧力刚度。

(1)横向地震剪力的分配

1)刚性楼盖。现浇和装配整体式钢筋混凝土楼、屋盖可看成为刚性楼盖。刚性楼盖只在其自身平面内发生刚体平移。如第 i 层楼共有 m 道墙,则其第 j 墙所承受的水平地震剪力标准值为:

$$V_{ij} = \frac{K_{ij}}{\sum_{k=1}^{m} K_{ik}} V_i \tag{7-13a}$$

若楼层各墙体的高宽比均小于 1,只考虑剪切变形,则将式(7-8)代入式(7-13a),得:

$$V_{ij} = \frac{A_{ij}}{\sum_{k=1}^{m} A_{ik}} V_i \tag{7-13b}$$

式中,A_{ij}、A_{ik} 分别为第 i 层的第 j 墙和第 k 墙的截面面积,即楼层的水平地震剪力可按墙体的截面面积来分配。

2)柔性楼盖。木楼盖等一类的结构,自身的平面刚度较小,楼盖的平面变形除平移以外还有弯曲变形,楼盖的受力模型像一个弹性的简支梁,因此,各抗震横墙承担的水平地震作用为该墙体从属面积上的重力荷载代表值产生的水平地震作用,楼层地震作用可按各墙体的从属面积上重力荷载代表值的比例分配。即第 i 层第 j 墙所承担的水平地震剪力标准值为:

$$V_{ij} = \frac{G_{ij}}{G_i} V_i \tag{7-14a}$$

当楼层重力荷载分布均匀时,式(7-14a)可化为:

$$V_{ij} = \frac{F_{ij}}{F_i} V_i \tag{7-14b}$$

式中,F_{ij}、F_i 分别为第 i 层的第 j 墙的从属面积和楼层总面积,即楼层的水平地震剪力可按墙体的从属面积来分配。

3)中等刚性楼盖。采用普通预制板的装配式钢筋混凝土楼盖、屋盖的砌体结构房屋。楼盖刚度介于以上两种情况之中,取以上两种情况的平均值:

$$V_{ij} = \frac{1}{2}\left[\frac{K_{ij}}{\sum_{k=1}^{m}K_{ik}} + \frac{G_{ij}}{G_i}\right]V_i \tag{7-15a}$$

若楼层各墙片的高宽比均小于1,只考虑剪切变形,且同楼层重力荷载均匀分布时:

$$V_{ij} = \frac{1}{2}\left[\frac{A_{ij}}{\sum_{k=1}^{m}A_{ik}} + \frac{F_{ij}}{F_i}\right]V_i \tag{7-15b}$$

(2)纵向地震剪力的分配

由于房屋纵向尺寸较横向的大很多,纵向楼盖的水平刚度很大,因此各种楼盖均视为刚性楼盖,按照公式(7-13a)分配地震剪力。

3. 同一道墙各墙肢内力分配(第二次分配)

若第 i 层楼第 j 墙共有 s 个墙肢,则其第 r 墙肢所承受的水平地震剪力标准值为:

$$V_{ijr} = \frac{K_{ijr}}{\sum_{k=1}^{s}K_{ijk}}V_{ij} \tag{7-16}$$

该剪力值用于计算墙肢的抗震承载力。

第三节 无筋砌体构件

一、烧结普通砖、烧结多孔砖、蒸压灰砂砖、蒸压粉煤灰砖墙体和石墙体的截面抗震承载力验算

$$V \leqslant \frac{f_{VE}A}{\gamma_{RE}} \tag{7-17}$$

$$f_{VE} = \zeta_N f_V \tag{7-18}$$

式中 V——考虑地震作用组合的墙体剪力设计值;

A——墙体横截面面积;

γ_{RE}——承载力抗震调整系数;

f_{VE}——砌体沿阶梯形截面破坏的抗震抗剪强度设计值;

f_V——砌体抗剪强度设计值,即第三章第二节中所述 f_{V0};

ζ_N——砌体抗震抗剪强度的正应力影响系数,应按表7-1采用。

砌体强度的正应力影响系数　　　　表7-1

砌体类别	σ_0/f_V							
	0.0	1.0	3.0	5.0	7.0	10.0	15.0	20.0
普通砖、多孔砖	0.80	1.00	1.28	1.50	1.70	1.95	2.32	
混凝土砌块		1.25	1.75	2.25	2.60	3.10	3.95	4.80

注:σ_0 为对应于重力荷载代表值的砌体截面平均压应力。

二、混凝土砌块墙体的截面抗震承载力验算

$$V \leqslant \frac{1}{\gamma_{RE}}[f_{VE}A + (0.3f_tA_c + 0.05f_yA_s)\zeta_c] \tag{7-19}$$

式中 f_t——灌孔混凝土的轴心抗拉强度设计值,应按现行国家标准《混凝土结构设计规范》(GB 50010—2001)采用;

A_c——灌孔混凝土或芯柱截面总面积;

f_y——芯柱钢筋的抗拉强度设计值;

A_s——芯柱钢筋截面总面积;

ζ_c——芯柱参与工作系数,可按表7-2采用。

芯柱参与工作系数 表7-2

灌孔率 ρ	$\rho<0.15$	$0.15\leqslant\rho<0.25$	$0.25\leqslant\rho<0.5$	$\rho\geqslant0.5$
ζ_c	0	1.0	1.10	1.15

注:灌孔率指芯柱根数(含构造柱和填实孔洞数)与孔洞总数之比。

第四节 配筋砖砌体构件

一、网状配筋或水平配筋烧结普通砖、烧结多孔砖墙的截面抗震承载力验算

$$V \leqslant \frac{1}{\gamma_{RE}}(f_{VE} + \zeta_s f_y \rho_s)A \tag{7-20}$$

式中 V——考虑地震作用组合的墙体剪力设计值;

γ_{RE}——承载力抗震调整系数;

ζ_s——钢筋参与工作系数,可按表7-3采用;

f_y——钢筋的抗拉强度设计值;

ρ_s——按层间墙体竖向截面计算的水平钢筋面积配筋率,应不小于0.07%且不宜大于0.17%。

钢筋参与工作系数 ζ_s 表7-3

墙体高宽比	0.4	0.6	0.8	1.0	1.2
ζ_s	0.10	0.12	0.14	0.15	0.12

二、砖砌体和钢筋混凝土构造柱组合墙的截面抗震承载力计算

$$V \leqslant \frac{1}{\gamma_{RE}}(\eta_c f_{VE}(A - A_c) + 0.5\zeta f_t A_c + 0.08\sum_{i=1}^{n}f_yA_{si}) \tag{7-21}$$

式中 A_c——中部构造柱的截面面积(对横墙和内纵墙,$A_c>0.15A$ 时,取$0.15A$;对外纵墙,$A_c>0.25A$ 时,取$0.25A$;

f_t——中部构造柱的混凝土抗拉强度设计值,应按现行国家标准《混凝土结构设计规范》GB 50010 采用;

A_s——中部构造柱的纵向钢筋截面总面积(配筋率不小于 0.6%,大于 1.4% 时,取 1.4%);

ζ——中部构造柱参与工作系数:居中设一根时取 0.5,多于一根时取 0.4;

η_c——墙体约束修正系数:一般情况取 1.0,构造柱间距不大于 2.8m 时取 1.1。

第五节 配筋砌块砌体剪力墙

一、地震作用计算

按照《建筑抗震设计规范》,对于平面布置比较规则的房屋,当房屋高度不超过 40m、以剪切变形为主且质量和刚度沿高度分布比较均匀时,可采用底部剪力法;当房屋高度超过 40m,宜采用振型分解反应谱法。

二、配筋砌块砌体剪力墙抗震承载力验算

1. 正截面承载力验算

考虑地震作用组合的配筋砌块砌体剪力墙的正截面承载力按第六章第三节非抗震计算方法计算,但其抗力应除以承载力抗震调整系数 γ_{RE}。

2. 斜截面承载力验算

(1)偏心受压配筋砌块砌体剪力墙,其斜截面受剪承载力应按下列公式计算:

$$V_W \leq \frac{1}{\gamma_{RE}} \left[\frac{1}{\lambda - 0.5} \left(0.48 f_{vg} b h_0 + 0.10 N \frac{A_w}{A} \right) + 0.72 f_{yh} \frac{A_{sh}}{s} h_0 \right] \tag{7-22}$$

$$\lambda = \frac{M}{V h_0} \tag{7-23}$$

式中 f_{vg}——灌孔砌体的抗剪强度设计值;

M——考虑地震作用组合的剪力墙计算截面的弯矩设计值;

V——考虑地震作用组合的剪力墙计算截面的剪力设计值;

N——重力荷载代表值作用的剪力墙计算截面的轴向力,当 $N > 0.2 f_g b h$ 时,取 $N = 0.2 f_g b h$;

A——剪力墙的截面面积,其中翼缘的有效面积,可按《建筑抗震设计规范》第 9.2.5 条的规定计算;

A_w——T 形或 I 字形截面剪力墙腹板的截面面积,对于矩形截面取 $A_w = A$;

λ——计算截面的剪跨比,当 $\lambda \leq 1.5$ 时,取 $\lambda = 1.5$;当 $\lambda \geq 2.2$ 时,取 $\lambda = 2.2$;

A_{sh}——配置在同一截面内的水平分布钢筋的全部截面面积;

f_{yh}——水平钢筋的抗拉强度设计值;

f_g——灌孔砌体的抗压强度设计值;

s——水平分布钢筋的竖向间距;

γ_{RE}——承载力抗震调整系数。

(2)偏心受拉配筋砌块砌体剪力墙,其斜截面受剪承载力应按下式计算:

$$V_W \leqslant \frac{1}{\gamma_{RE}}\left[\frac{1}{\lambda-0.5}\left(0.48f_{vg}bh_0 - 0.17N\frac{A_w}{A}\right) + 0.72f_{yh}\frac{A_{sh}}{s}h_0\right] \quad (7\text{-}24)$$

注:当 $0.48f_{vg}bh_0 - 0.17N\frac{A_w}{A} < 0$ 时,取 $0.48f_{vg}bh_0 - 0.17N\frac{A_w}{A} = 0$。

(3)注意事项:

1)配筋砌块砌体剪力墙承载力计算时,为保证强剪弱弯要求,底部加强部位的截面组合剪力设计值 V_w,应按下列规定调整:

一级抗震等级　　$V_w = 1.6V$

二级抗震等级　　$V_w = 1.4V$

三级抗震等级　　$V_w = 1.2V$

四级抗震等级　　$V_w = 1.0V$

式中　V——考虑地震作用组合的剪力墙计算截面的剪力设计值。

2)为了保证墙体不出现斜压破坏,使墙体具有一定的延性,配筋砌块砌体剪力墙的截面应符合下列要求:

当剪跨比大于2时,

$$V_w \leqslant \frac{1}{\gamma_{RE}} 0.2f_g bh \quad (7\text{-}25)$$

当剪跨比小于或等于2时,

$$V_w \leqslant \frac{1}{\gamma_{RE}} 0.15f_g bh \quad (7\text{-}26)$$

当不满足该要求时,需要增大剪力墙截面尺寸或者提高材料强度等级。

三、连梁的设计计算

1. 正截面承载力验算

配筋砌块砌体剪力墙连梁的正截面受弯承载力可按现行国家标准《混凝土结构设计规范》受弯构件的有关规定进行计算;当采用配筋砌块砌体连梁时,应采用相应的计算参数和指标;连梁的正截面承载力应除以相应的承载力抗震调整系数。

2. 斜截面承载力验算

(1)配筋砌块砌体剪力墙连梁的剪力设计值,抗震等级一、二、三级时应按下式调整,四级时可不调整:

$$V_b = \eta_v \frac{M_b^l + M_b^r}{l_n} + V_{Gb} \quad (7\text{-}27)$$

式中　V_b——连梁的剪力设计值;

η_v——剪力增大系数,一级时取1.3;二级时取1.2;三级时取1.1;

M_b^l、M_b^r——分别为梁左、右端考虑地震作用组合的弯矩设计值;

V_{Gb}——在重力荷载代表值作用下,按简支梁计算的截面剪力设计值;

l_n——连梁净跨。

(2)配筋砌块砌体剪力墙连梁的斜截面受剪承载力应按下列公式计算：

当跨高比小于或等于2.5时

$$V_b \leq \frac{1}{\gamma_{RE}}\left(0.56 f_{vg} bh_0 + 0.7 f_{yv} \frac{A_{sv}}{s} h_0\right) \tag{7-28}$$

式中 A_{sv}——配置在同一截面内的箍筋各肢的全部截面面积；

f_{yv}——箍筋的抗拉强度设计值。

当连梁跨高比大于2.5时，宜采用钢筋混凝土连梁。

(3)配筋砌块砌体剪力墙连梁的截面应符合下列要求：

当跨高比小于或等于2.5时

$$V_b \leq \frac{1}{\gamma_{RE}}(0.15 f_g bh_0) \tag{7-29}$$

【例题7-1】 某五层混凝土小型空心砌块办公楼，建在8度抗震设防地区，场地为Ⅱ类，如图7-5所示，采用混凝土小砌块，外墙有保温要求，内贴100mm厚加气混凝土保温层，楼层屋盖均用钢筋混凝土空心板，房屋层高二层至六层为3300mm，底层为3950mm，混凝土小砌块强度等级为MU10，砂浆强度等级M7.5(一、二层)、M5(三、四、五层)，砌体施工质量控制等级为B级，试验算该房屋墙体的截面抗震承载力。

【解】

(一)概念设计

1. 本房屋属于纵横混合承重结构房屋，结构平面呈对称布置，楼梯间设置在房屋的中央，立面无错层无高差，符合抗震体形要求，并不需要设置防震缝。

2. 房屋自室外地面至檐口的高度为17.15m，房屋总宽度为12.9m，层数为五层，其高度和层数符合抗震规定的要求(8度设防时最大高度18m，最多层数6层)，房屋高宽比为17.15/12.9＝1.33＜2，满足要求；楼屋盖属第一类，最大横墙间距9.9m，小于15m，满足要求。

3. 芯柱设置：根据规范要求，选取芯柱截面尺寸120mm×120mm，C20芯柱混凝土，芯柱插筋 $\phi 14$。

芯柱设置位置：外墙转角(灌实5个孔)，内外墙交接处(灌实5个孔)，楼梯间四角(灌实5个孔)。

4. 圈梁设置：根据规范要求，选取圈梁截面尺寸190mm×190mm，C20混凝土，纵向钢筋 $4\phi 12$，箍筋 $\phi 6@200$。

设置位置：屋盖及每层楼盖处所有纵横墙。

(二)抗震承载力验算

1. 荷载取值

(1)屋面荷载标准值

屋面恒荷载

30mm厚，500mm×500mm水泥砂浆板	$20\times 0.03 = 0.6 \text{kN/m}^2$
120mm×120mm×180mm砖墩	$\dfrac{19\times 0.12\times 0.12\times 0.18}{0.5\times 0.5} = 0.2 \text{kN/m}^2$
一毡二油绿豆砂	0.25kN/m^2

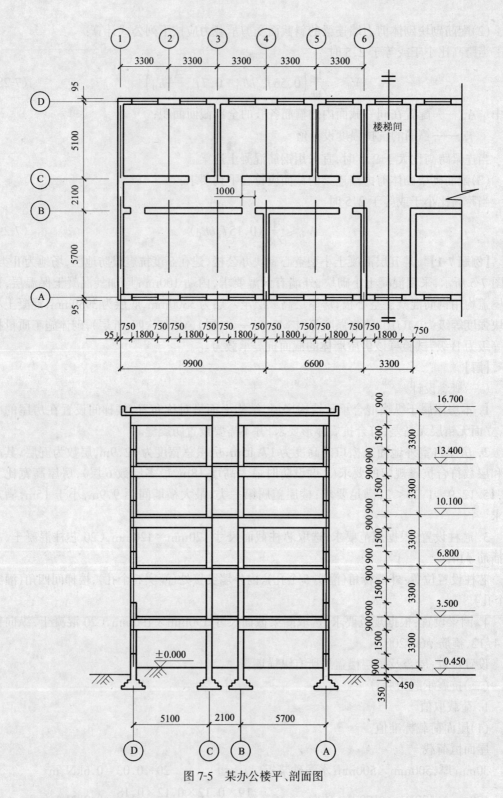

图 7-5 某办公楼平、剖面图

40mm 厚钢丝网细石混凝土　　　　　　　　　　$25 \times 0.04 = 1.0 \text{kN/m}^2$
20mm 厚水泥砂浆找平层　　　　　　　　　　　$20 \times 0.02 = 0.4 \text{kN/m}^2$

120mm厚预应力混凝土空心板(包括灌缝)	2.0kN/m²
20mm厚板底抹灰	0.34kN/m²
	合计:4.79kN/m²
屋面活荷载	0.7kN/m²
屋面雪荷载	0.35kN/m²

(2)楼面荷载标准值

楼面恒荷载

20mm厚水泥砂浆找平层	0.4kN/m²
120mm厚预应力混凝土空心板(包括灌缝)	2.0kN/m²
20mm厚板底抹灰	0.34kN/m²
	合计:2.74kN/m²
楼面活荷载	2.0kN/m²

(3)其他荷载标准值

190mm厚砌块墙体(双面粉刷)	3.38kN/m²
门窗自重	0.45kN/m²

2. 重力荷载代表值计算

因房屋对称,取左半部进行计算

(1)屋面荷载

屋盖自重	4.79×18.15×12.9=1121.51kN
屋面雪荷载	0.5×0.35×18.15×12.9=40.97kN
	合计:1162.48kN

不考虑屋面活荷载,屋面雪荷载组合值系数为0.5。

(2)楼面荷载

楼盖自重	2.74×18.15×12.9=641.53kN
楼面活荷载	0.5×2.0×18.15×12.9=234.16kN
	合计:875.67kN

(3)墙体自重

二至五层

①轴每层横墙	(12.90−0.19)×3.3×3.38=141.77kN
②、⑤轴每层横墙	(5.1−0.19)×3.3×3.38=54.77kN
④轴每层横墙	(5.7−0.19)×3.3×3.38=61.46kN
A、D轴每层纵横	[(18.15+0.095)×3.3−(1.8×1.8×5.5)]×3.38+1.8×1.5×5.5×0.45=153.51kN
B、C轴每层纵墙	[(16.5+0.19)×3.3−(3×1.0×2.4)]×3.38 1.0×2.4×3×0.45=165.06kN

一层

①轴横墙	(12.9−0.19)×4.4×3.38=189.02kN
③、⑤轴横墙	(5.1−0.19)×4.4×3.38=73.02kN
④轴横墙	(5.7−0.19)×4.4×3.38=81.94kN
⑥轴横墙	73.02+81.94=154.96kN

A、D轴纵墙 $[(18.15+0.095)\times4.4-(1.8\times1.8\times5.5)]$
$\times3.38+1.8\times1.8\times5.5\times0.45=227.83\text{kN}$

B、C轴纵墙 $[(18.5\times0.19)\times4.4-(3\times1\times2.4)]$
$\times3.38+1\times2.4\times3\times0.45=227.12\text{kN}$

(4)集中于各质点的重力荷载代表值(各层重力荷载如图7-6所示)

$$G_5 = \left[1162.48+\frac{1}{2}(141.77+54.77\times21+61+\right.$$
$$\left.46+116.23+153.51\times2+165.06\times2)\right]$$
$$=(1162.48+\frac{1}{2}\times1069.72)$$
$$=1697.77\text{kN}$$

$G_4 = G_3 = G_2 = 875.67+1069.72 = 1945.39\text{kN}$

$$G_1 = \left[875.67+\frac{1}{2}\times1069.72+\frac{1}{2}(189.02+\right.$$
$$73.02\times2+81.94+154.96+227.83\times2+$$
$$\left.227.12\times2)\right]$$
$$=875.67+\frac{1069.72}{2}+\frac{1481.86}{2}$$
$$=2151.46\text{kN}$$

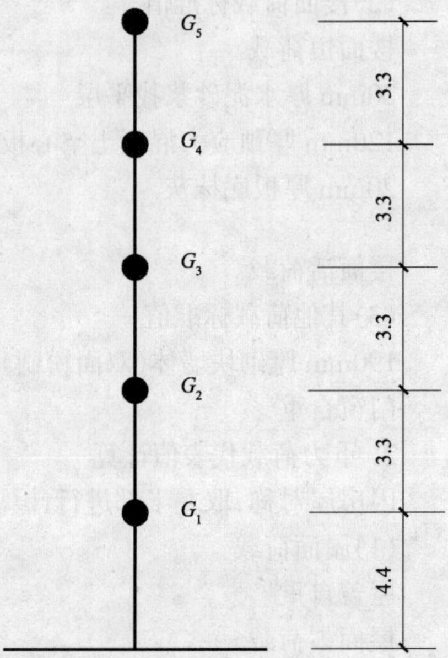

总重力荷载代表值为:
$$G_E = \sum G_i = 2151.46+3\times1945.39+1697.77$$
$$=9685.40\text{kN}$$

图7-6 各层重力荷载

由式(7-2)结构等效总重力荷载为:
$G_{eq} = 0.85\times9685.40 = 8232.59\text{kN}$

3. 各层的水平地震剪力

按式(7-1)计算,结构总水平地震作用标准值为:
$F_{EK} = \alpha_{max}G_{eq} = 0.16\times8232.59 = 1317.21\text{kN}$

各层的水平地震作用标准值和地震剪力的计算结果,列于表7-4,各层地震剪力设计值如图7-7所示。

各层的地震剪力 表7-4

层次	G_i(kN)	H_i(m)	G_iH_i (kN·m)	$\dfrac{G_iH_i}{\sum G_iH_i}$	F_i	V_i	$1.3V_i$
5	1697.77	17.6	29739.6	0.288	377.72	377.65	491.04
4	1945.39	14.3	27704.39	0.269	352.80	718.17	949.68
3	1945.39	11.0	21311.07	0.207	271.49	980.60	1302.61
2	1945.39	7.7	14917.75	0.145	190.17	1164.94	1549.83
1	2151.46	4.4	9423.7	0.091	119.35	1280.16	1704.99
合计			103096.51				

注:水平地震作用分项系数 $\gamma_{RE} = 1.3$

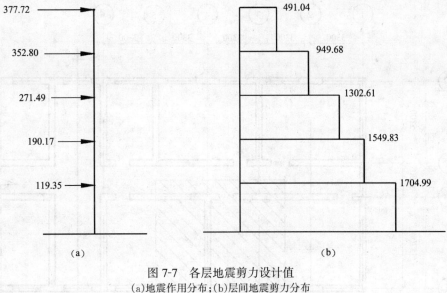

图 7-7 各层地震剪力设计值
(a)地震作用分布;(b)层间地震剪力分布

4. 墙体截面抗震承载力验算

在对墙体截面作抗震承载力分析时,通常只选择不利墙段进行验算,本题中选择第 5 层(轴向压力最小,抗剪强度最低)、第 1 层(地震剪力最大)的④轴横墙(分担重力荷载的面积最大)和 A 轴纵(洞口对墙体的削弱最多)墙进行验算。

(1)第五层④轴横墙截面抗震承载力验算

第 5 层④轴横墙净面积:

$$A_{54} = (5.7 - 0.19) \times 0.19 = 1.05 \text{m}^2$$

第 5 层横墙总净面积:

$$A_5 = [(12.9 - 0.19) + 3 \times (5.1 - 0.19) + 2 \times (5.7 - 0.19)] \times 0.19 = 7.31 \text{m}^2$$

第 5 层④轴横墙分担的重力荷载面积(图 7-8):

$$F_{54} = (3.3 + 4.95) \times (5.7 + 1.05 - 0.095) = 54.90 \text{m}^2$$

第 5 层横墙总重力荷载面积:

$$F_5 = (12.9 + 0.19) \times (9.9 + 6.6 + 1.65 - 0.095) = 229.48 \text{m}^2$$

由于该房屋楼盖为钢筋混凝土空心板,属于中等刚度楼盖,且横墙墙片均为高宽比小于 1 的无洞口墙片,故由式(7-15a)得,第 5 层④轴横墙承受的楼层地震剪力设计值为:

$$V_{54} = \frac{1}{2} \left(\frac{A_{54}}{A_5} + \frac{F_{54}}{F_5} \right) V_5$$

$$= \frac{1}{2} \left(\frac{1.05}{7.31} + \frac{54.90}{229.48} \right) \times 491.04 = 94.00 \text{kN}$$

对应于重力荷载代表值的第 5 层横墙截面的平均压应力为:

$$\sigma_{054} = \left(\frac{1162.48 \times 10^3}{7.31 \times 10^6} + \frac{\frac{1}{2} \times 61.46 \times 10^3}{1.05 \times 10^6} \right) = (0.159 + 0.029) = 0.188 \text{MPa}$$

五层砂浆强度等级为 M5,则查表得:$f_{v0} = 0.06 \text{MPa}$

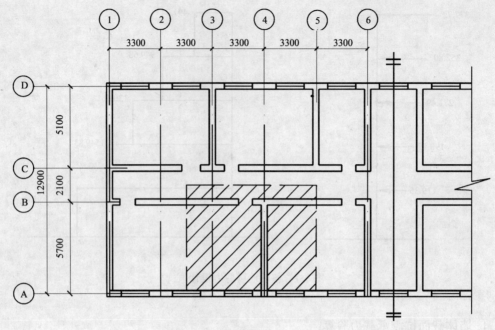

图7-8 ④轴横墙的重力荷载面积

$\sigma_{054}/f_{v0}=0.188/0.06=3.13$,查表7-1得 $\zeta_N=1.792$

由式(7-18):$f_{VE}=1.792\times0.06=0.108$MPa

按式(7-19):$\dfrac{1}{\gamma_{RE}}f_{VE}A=\dfrac{1}{1.0}\times0.108\times1.05\times10^3=113.40kN>94.00$kN,安全。

(仅与A轴相交处有芯柱,数量很少,在这里偏安全忽略不计)

(2)第1层④轴横墙载面抗震承载力验算

第1层④轴横墙净面积:$A_{14}=1.05$m²

第1层横墙总净面积:$A_1=7.31$m²

第1层④轴横墙分担的重力荷载面积:$F_{14}=54.90$m²

第1层横墙总重力荷载面积:$F_1=229.48$m²

由式(7-15a)第1层④轴横墙承受的楼层地震剪力设计值为:

$$V_{14}=\dfrac{1}{2}\left(\dfrac{A_{14}}{A_1}+\dfrac{F_{14}}{F_1}\right)V_1$$

$$=\dfrac{1}{2}\left(\dfrac{1.05}{7.31}+\dfrac{54.90}{229.48}\right)\times1704.99=326.40\text{kN}$$

④轴1m长横墙上的重力荷载代表值为:

$$[(4.79+0.5\times0.35)+4\times(2.74+0.5\times2.0)]$$
$$\times(2\times3.3+1.65)+(4\times3.38\times3.3+\dfrac{1}{2}\times3.38\times4.4)$$
$$=216.43\text{kN}$$

对应于重力荷载代表值的砌体载面的平均压应力为:

$$\sigma_{014}=\dfrac{216.43\times10^3}{0.19\times1\times10^6}=1.14\text{MPa}$$

一层砂浆强度等级为 M7.5，$f_{vo}=0.08\text{MPa}$

$\sigma_{014}/f_{vo}=1.14/0.08=14.24$，查表7-1得 $\zeta_N=3.82$

由式(7-18)得：$f_{VE}=3.82\times0.08=0.3057\text{MPa}$

按式(7-19)计算：$\dfrac{1}{\gamma_{RE}}f_{VE}A=\dfrac{1}{1.0}\times0.3057\times1.05\times10^6=320.95\text{kN}\approx326.40\text{kN}$（相差很少）

(3) 第5层A轴纵墙截面抗震承载力验算

对于纵墙的地震剪力，由于房屋纵向长度较大，楼盖刚度很大，故按刚性楼盖考虑，即可按墙体净截面面积的比例分配。

第5层A轴纵墙的净面积：

$$A_{5A}=[18.15+0.095-5.5\times1.8]\times0.19=1.59\text{m}^2$$

第5层纵墙总净面积：

$$A_5=[2\times1.59+2\times[16.5+0.19-(3\times1.0)]\times0.19=8.38\text{m}^2$$

第5层A轴纵墙承受的楼层地震剪力设计值为：

$$V_{5A}=\dfrac{A_{5A}}{A_5}V_5=\dfrac{1.59}{8.38}\times491.04=93.17\text{kN}$$

由于房屋为纵横混合承重结构，A轴纵墙上②、③、⑤轴处墙肢承受楼面梁传来的压力，而④轴处楼面荷载传给了横墙，该处墙肢竖向仅承受自重作用，其压力比其他墙肢小，抗剪强度也就要低，故该墙肢是A轴墙片上最危险的。各墙肢的高宽比为1.5/1.5=1，可不考虑弯曲变形，该墙肢承受的剪力设计值(二次分配)为：

$$V_{5A4}=\dfrac{1.5\times0.19}{1.59}\times93.17=16.7\text{kN}$$

墙肢截面的平均压应力为：

$$\sigma_{054}=\dfrac{\dfrac{1}{2}\times153.51\times10^3}{1.59\times10^6}=0.048\text{MPa}$$

$\sigma_{05A}/f_{vo}=0.048/0.06=0.8$ 查表7-1得：$\zeta_N=1.0$

由式(7-18)得：$f_{VE}=1.0\times0.08=0.08\text{MPa}$

纵横墙交界处有5个芯柱，尺寸为120mm×120mm，C20混凝土（$f_t=1.1\text{MPa}$），插筋1Φ14（$A_s=154\text{mm}^2$）。墙肢截面共12孔，有5孔为芯柱，故墙肢的灌孔率为 $\rho=5/12=0.417$，由表7-2得：芯柱参与工作系数 $\zeta_c=1.1$。

按式(7-19)计算：$\dfrac{1}{\gamma_{RE}}[f_{VE}A+(0.3f_tA_c+0.05f_yA_s)\zeta_c]=\dfrac{1}{1.0}[0.08\times190\times1500+$
$(0.3\times1.1\times5\times120\times120+0.05\times300\times5\times154)\times1.1]$
$=297\text{kN}>16.7\text{kN}$ 安全。

(4) 第1层A轴纵墙截面抗震承载力验算：

第1层A轴纵墙的净面积：$A_{1A}=1.59\text{m}^2$

第1层纵墙总净面积：$A_1=8.38\text{m}^2$

第1层A轴纵墙承受的楼层地震剪力设计值为：

$$V_{1A} = \frac{A_{1A}}{A_1} V_1 = \frac{1.59}{8.38} \times 1704.99 = 323.50 \text{kN}$$

与④相交墙肢承受的剪力设计值(二次分配)为：

$$V_{1A4} = \frac{1.5 \times 0.19}{1.59} \times 323.50 = 57.99 \text{kN}$$

墙肢截面的平均压应力为：

$$\sigma_{01A} = \frac{4 \times 153.51 \times 10^3 + 0.5 \times 227.83 \times 10^3}{1.59 \times 10^6} = 0.45 \text{MPa}$$

$\sigma_{01A}/f_{vo} = 0.45/0.08 = 5.625$ 查表 7-1 得：$\zeta_N = 2.36$

由式(7-18)得：$f_{VE} = 2.36 \times 0.08 \text{MPa} = 0.188 \text{MPa}$

按式(7-19)计算：

$$\frac{1}{1.0}[0.188 \times 190 \cdot \times 1500 + (0.3 \times 1.1 \times 5 \times 120 \times 120 + 0.05 \times 300 \times 5 \times 154) \times 1.1]$$
$= 328 \text{kN} > 57.99 \text{kN}$ 安全。

【例题 7-2】 某 12 层宾馆采用配筋砌块砌体剪力墙，楼屋面板为现浇钢筋混凝土结构。建筑物内部横向和纵向承重墙的厚度均为 190mm，外部横向和纵向承重墙采用空腔墙，外层采用 90mm 厚的饰面混凝土小型空心砌块(为简化计算，不考虑它的承重作用)，内层墙厚仍为 190mm。在外 90mm 饰面砌块墙与内层 190mm 墙之间设有 30mm 厚的空气层，以改善外墙的热功性能。建筑基础采用钢筋混凝土条形基础，底层基础顶至二楼板底高 4.2m，其余各层层高 3.0m。砌块、砂浆和灌孔混凝土强度等级见表 7-5。建筑物的平面图和剖面图分别见图 7-9 和图 7-10。该建筑物场地土类别为Ⅱ类，抗震设防烈度为 7 度，设计地震分组为第二组。试验算该房屋墙体的截面抗震承载力。

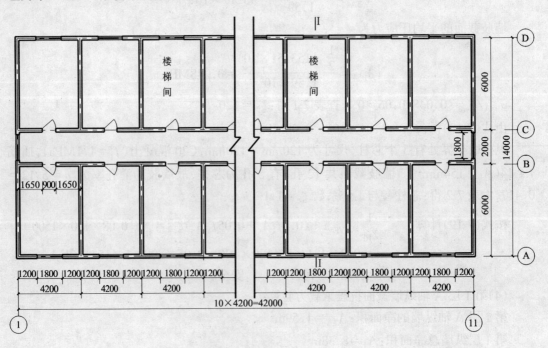

图 7-9 某宾馆平面图

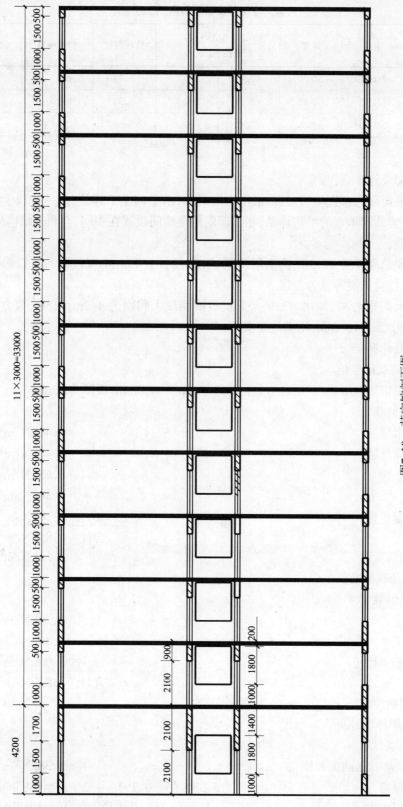

图7-10 某宾馆剖面图

剪力墙材料及强度指标(MPa)　　　　　　　　　　表 7-5

楼层	砌块	砂浆	灌孔混凝土及灌孔率(%)		抗压强度	弹性模量	抗剪强度
1—3	MU20	Mb20	Cb30	100	8.33	1.416×10^4	0.64
4—8	MU15	Mb15	Cb25	66	6.36	1.081×10^4	0.55
9—12	MU10	Mb10	Cb20	33	3.66	6.22×10^3	0.41

【解】

(一)概念设计

该建筑纵横墙的布置均匀对称,沿平面内对齐,沿竖向上下连续,同一轴线上窗间墙均匀,采用纵横墙共同承重的结构体系,相对薄弱的楼梯间设置在中间,有利于结构抗震,不需要设置防震缝。

由于房屋总高度为 37.2m,为高层建筑,因为它小于 45m(7 度设防),可以采用配筋砌块砌体结构,结构抗震等级为二级。

房屋最大高宽比 37.2/14=2.65<4,抗震横墙最大间距为 4.2m<15m,剪力墙厚度为 190mm>4200/25=168mm,均满足要求。

(二)荷载计算

1. 屋面荷载标准值

房间每块钢筋混凝土现浇板的尺寸为 4200mm×6000mm,板厚为 120mm。

(1)屋面恒载

油毡防水层	0.40kN/m^2
找平层隔气层	0.40kN/m^2
保温层	0.65kN/m^2
找平层	0.40kN/m^2
钢筋混凝土板	$25\times0.12=3.0\text{kN/m}^2$
合计	4.85kN/m^2

(2)屋面活荷载　　　　　　　　　　　　　　　　　　　0.50kN/m^2

2. 楼层荷载标准值

(1)楼层恒载

地面面层	0.40kN/m^2
找平层	0.40kN/m^2
钢筋混凝土楼板	3.00kN/m^2
合计	3.80kN/m^2

(2)楼层活荷载　　　　　　　　　　　　　　　　　　　2.0kN/m^2

3. 砌块砌体墙自重

(1)内横墙自重

190mm 厚内墙,两面粉刷	3.38kN/m^2
底层内横墙	$3.38\times(6-0.19)\times4.2\times18=1485\text{kN}$
其他楼层内横墙	$3.38\times(6-0.19)\times3\times18=1060\text{kN}$

(2)外横墙自重

外横墙采用空腔墙(90+30+190mm) 3.70kN/m²

底层外横墙 $3.7×(14.19×4.2-1.8×1.8)×2=4.7$ kN

其他层外横墙 $3.7×(14.19×3-3.24)×2=291$ kN

(3)内纵墙自重

底层内纵墙 $3.38×(4.2×4.2-1.5×2.1)×10×2=979$ kN

其他层内纵墙 $3.38×3×(3×4.2-1.5×2.1)×10×2=6391$ kN

(4)集中于各质点的重力荷载代表值

$G_{12}=4.85×42×14+0.5×(1060+291+639+693)=4278$ kN(不考虑屋面活荷载)

$G_2=G_3=\cdots=G_{11}=(3.8+0.5×2.07×41.81×13.81+1060+291+639+693$
$=5454$ kN (考虑50%楼面活载)

$G_1=(3.8+0.5×2.0)×41.81×13.81+0.5(1485+417+979+1066)=4745$ kN (考虑50%楼面活载)

(三)地震作用

由于建筑物剪力墙较多,刚度较大,建筑物平、立面布置均匀对称,且建筑物总高度只有37.2m(<40m),故可以采用底部剪力法计算地震作用。

1. 建筑物等效总重力荷载

总重力荷载代表值 $G_E=\sum_{i=1}^{12}G_i=4745+10×5454+4278=63563$ kN

结构等效总重力荷载 $G_{eq}=0.85×63563=54028$ kN

2. 建筑结构的基本自振周期

由于一般多层砌体结构房屋的自振周期在0.1s与结构特征周期值 T_g 之间,所以多层砌体结构房屋一般取水平地震影响系数 $α=α_{max}$。但对于高层配筋砌体结构,结构自振周期将超过结构特征周期值,需要求出结构自振周期,再对水平地震影响系数进行修正。

配筋砌体剪力墙结构自振周期近似按下式计算:

$$T=0.05(H)^{3/4}=0.05×(37.2)^{3/4}=0.753s$$

3. 建筑结构基底总剪力及各层地震作用

由于建筑物处于7度区,且为Ⅱ类场地类别,设计地震分组为第二组,根据我国现行《建筑结构抗震规范》,有

结构特征周期值为 $T_g=0.4$ s

$$α=\left(\frac{T_g}{T}\right)^{0.9}α_{max}=\left(\frac{0.4}{0.753}\right)^{0.9}×0.08=0.041$$

建筑物基底总剪力

$$F_{EK}=αG_{eq}=0.041×54028=2215 \text{kN}$$

各楼层剪力分配见表7-6。

4. 剪力分配

在求得建筑结构基底剪力和各楼层的总剪力后,还应将这些剪力分配给建筑结构的各片剪力墙及墙肢,其值按墙体的刚度分配。

(1) 横向剪力墙的刚度

1) 内横墙的抗侧力刚度

由于建筑物楼层和底层层间高宽比分别为 $\frac{3000}{6190}=0.485$ 和 $\frac{4200}{6190}=0.678$，均小于1，故在计算剪力墙刚度时，可不考虑剪力墙的弯曲变形，只计算剪切变形即可，剪力墙的翼缘也可忽略不计。

各层的地震剪力　　　　　　　　表 7-6

层 次	G_i(kN)	H_i(m)	G_iH_i (kN·m)	$\frac{G_iH_i}{\sum G_iH_i}$	F_i	V_i	$1.3V_i$
12	4745	37.2	176514	0.133	294.6	294.6	383.0
11	5454	34.2	186527	0.141	312.3	606.9	789.0
10	5454	31.2	170165	0.128	283.5	890.4	1157.5
9	5454	28.2	153803	0.116	256.9	1147.3	1491.5
8	5454	25.2	137441	0.104	230.4	1377.7	1791.0
7	5454	22.2	121079	0.091	201.6	1579.3	2053.1
6	5454	19.2	104717	0.079	175.0	1754.3	2280.6
5	5454	16.2	88355	0.067	148.4	1902.7	2473.5
4	5454	13.2	71993	0.054	119.6	2022.3	2629.0
3	5454	10.2	55631	0.042	90.0	2112.3	2746.0
2	5454	7.2	39269	0.030	66.5	2178.8	2832.4
1	5454	4.2	17967	0.014	31.0	2215.0	2879.5
总计			1323461				

由式(7-8)，剪力墙的楼层刚度和底层刚度分别为：

$$\frac{Et}{3\rho}=\frac{Et}{3\times 0.485}=0.687Et,\ \frac{Et}{3\times 0.678}=0.492Et$$

2) 外横墙的抗侧力刚度：①和⑪轴的剪力墙上有一个 1800mm×1800mm 的窗洞，而且墙面较大，楼层墙的具体尺寸见图 7-11，底层墙的具体尺寸见图 7-12。

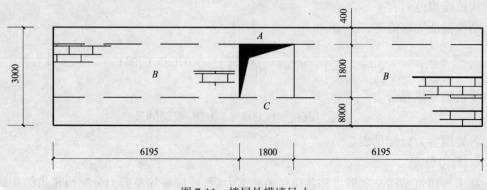

图 7-11　楼层外横墙尺寸

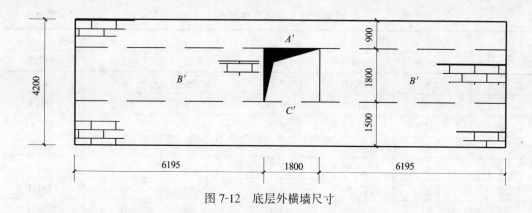

图 7-12 底层外横墙尺寸

楼层及底层外横墙洞高与层高之比分别为 $\frac{1800}{3000}=0.6$ 及 $\frac{1800}{4200}=0.42$ 均大于 0.35,应按大洞口墙片刚度计算方法计算。

各实墙刚度列如表 7-7。

墙 体 刚 度   表 7-7

墙肢划分	A	B	C	A′	B′	C′
$\rho=h/b$	0.028	0.290	0.056	0.063	0.290	0.106
$K=\dfrac{Et}{3\rho}$	$11.90Et$	$1.15Et$	$23.80Et$	$5.29Et$	$1.15Et$	$3.14Et$

按式(7-11),得到楼层及底层外横刚度分别为:

$$\frac{1}{\dfrac{1}{11.90Et}+\dfrac{1}{2\times1.15Et}+\dfrac{1}{23.80Et}}=1.783Et$$

$$\frac{1}{\dfrac{1}{5.29Et}+\dfrac{1}{2\times1.15Et}+\dfrac{1}{3.14Et}}=1.061Et$$

(2)剪力分配

楼层总刚度为 $0.687Et\times18+1.783Et\times2=15.932Et$

底层总刚度为 $0.492Et\times18+1.061Et\times2=10.978Et$

由于楼面为现浇钢筋混凝土,属刚性楼盖,则由式(7-13)得到:

各楼层内墙作用力为 $\dfrac{0.687Et}{15.932Et}F_i=0.043F_i$

各楼层外墙作用力为 $\dfrac{1.783Et}{15.932Et}F_i=0.112F_i$

底层内墙作用力为 $\dfrac{0.492Et}{10.978Et}F_1=0.045F_1$

底层外墙作用力为 $\dfrac{1.061Et}{10.978Et}F_1=0.097F_1$

将表 7-6 计算结果代入上式,可得到内外横墙各层水平地震作用力,见表 7-8。

作用在每片外横墙上各层剪力为以上各层作用力之和,各层弯矩为以上各层作用力对本层楼面弯矩之和,见表 7-8。

横墙各层水平地震作用力(kN)　　　　　表 7-8

楼 层	各层作用力		各层剪力		各层墙底部弯矩	
	内横墙	外横墙	内横墙	外横墙	内横墙	外横墙
12	12.67	33.00	12.67	33.00	38.1	99.0
11	13.43	34.98	26.10	67.98	116.3	302.9
10	12.19	31.75	38.29	99.73	231.2	602.1
9	11.05	28.77	49.34	128.50	379.2	987.6
8	9.91	25.80	59.25	154.30	557.0	1450.5
7	8.67	22.58	67.92	176.88	769.2	1981.1
6	7.53	19.60	75.45	196.48	987.1	2570.5
5	6.38	16.62	81.83	213.10	1232.5	3209.8
4	5.14	13.40	86.97	226.50	1493.4	3889.3
3	3.87	10.08	90.84	236.58	1765.9	4599.0
2	2.86	7.45	93.70	244.03	2047.0	5331.1
1	1.40	3.01	95.10	247.04	2446.4	6368.7

内外横墙各层作用力和各片墙的作用力如图 7-13 及图 7-14 所示。

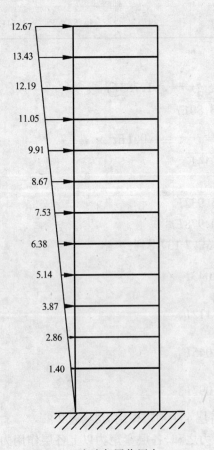

图 7-13　内墙各层作用力

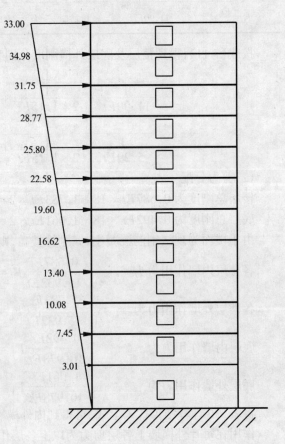

图 7-14　外墙各层作用力

四、内横墙各层的荷载组合

楼屋面板传给内横墙的竖向荷载,楼板荷载的分配如图 7-15 所示。

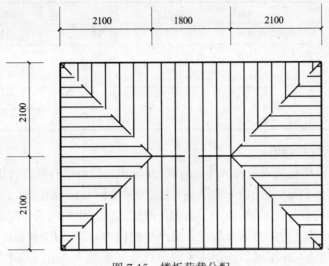

图 7-15 楼板荷载分配

内横墙支承的楼屋面的尺寸为 $6.0m \times 4.2m$,为双向板,内横墙承受的荷载面积为:

$$1.8 \times 4.2 + 0.5 \times 4.2 \times 2.1 = 7.56 + 4.41 = 11.97 m^2$$

1. 屋面传给内横墙上的竖向荷载

恒荷载的设计值 $11.97 \times 4.85 \times 1.2/6 = 11.6 kN/m$
恒荷载的标准值 $11.97 \times 4.85 \times 1.0/6 = 9.7 kN/m$
活荷载设计值 $11.97 \times 0.5 \times 1.4/6 = 1.4 kN/m$
活荷载标准值 $11.97 \times 0.5 \times 1.0/6 = 1.0 kN/m$

2. 楼层传给内横墙上的竖向荷载

恒荷载设计值 $11.97 \times 3.8 \times 1.2/6 = 9.1 kN/m$
恒荷载标准值 $11.97 \times 3.8 \times 1.0/6 = 7.6 kN/m$

活荷载计算:垂直活荷载在计算楼板时是个常数($2.0 kN/m^2$),但在计算墙、柱和基础时则可根据其上部楼层数进行折减,见表 7-9。

各层活荷载折减系数和活荷载总值   表 7-9

层 数	折减系数	活荷载总值(kN/m^2)	
		标 准 值	设 计 值
12	1.0	0.5	0.7
11	1.0	2.5	3.5
10	0.85	4.2	5.88
9	0.85	5.9	8.26
8	0.70	7.3	10.22
7	0.70	8.7	12.18

续表

层　　数	折　减　系　数	活荷载总值(kN/m²)	
		标　准　值	设　计　值
6	0.65	10.0	14.00
5	0.65	11.3	15.82
4	0.6	12.5	17.50
3	0.6	13.7	19.18
2	0.6	14.9	20.86
1	0.6	16.1	22.54

3. 内横墙的荷载组合值

将表7-9中的活荷载换成每延米均布荷载,并与楼板传给墙的恒荷载相加,得楼板传给墙的总荷载。将墙体自重、楼面传来的活载、楼面传来的恒载进行组合得到两种组合值。第一种组合为不考虑荷载分项系数,相当于重力荷载代表值产生的内力效应组合值,用作抗震验算时的竖向压力,第二种组合为荷载设计值产生的内力效应,用于截面设计计算。根据我国《建筑抗震设计规范》,水平地震作用应考虑荷载分项系数1.3,由表7-8可以得到地震作用设计值,见表7-10。

内横墙的荷载组合值(kN/m)　　　　表 7-10

楼层	楼板活荷载		楼板恒荷载		墙自重		组　合　值		地震作用设计值	
	标准值	1.4×标准值	标准值	1.2×标准值	标准值	1.2×标准值	1.0×活+1.0×恒	1.4×活+1.2×恒	1.3×M(kN·m)	1.3×V(kN)
12	1.0	1.4	9.7	11.6	10.1	12.2	20.1	25.2	49.5	16.5
11	5.0	7.0	17.3	20.7	20.3	24.3	42.6	52.0	151.2	34.0
10	8.4	11.7	25.0	29.8	30.4	36.5	63.8	78.0	300.6	49.8
9	11.8	16.5	32.5	38.9	40.6	48.7	84.9	104.1	493.0	64.1
8	14.6	20.4	40.1	48.0	50.7	60.9	105.4	129.3	724.1	77.0
7	17.4	24.3	47.7	57.1	60.8	73.0	125.9	154.4	1000.0	88.3
6	20.0	28.0	55.3	66.2	71.0	85.2	146.3	179.4	1283.2	98.1
5	22.5	31.6	62.9	75.3	81.1	97.4	166.5	204.3	1602.3	106.4
4	24.9	35.0	70.5	84.4	91.3	109.5	186.7	228.9	1941.0	113.1
3	27.3	38.3	78.1	93.5	101.4	121.7	206.8	253.5	2295.7	118.1
2	29.7	41.6	85.7	102.6	111.5	133.9	226.9	278.1	2661.1	121.8
1	32.1	45.0	93.3	111.7	125.7	150.9	251.1	307.6	3180.3	123.6

五、内横墙设计

内横墙在地震作用时,墙体作用效应及材料选择见表7-11。根据构造要求和设计经验,墙体配筋见表7-12。

内横墙内力作用效应及设计参数 表 7-11

楼层	地震作用设计值		正压力 N(kN)		砌块	砂浆	灌孔混凝土及灌孔率(%)	强度值(MPa)	
	$1.3 \times M$ (kN·m)	$1.3 \times V$ (kN)	$1.0 \times$活标 + $1.0 \times$恒标	$1.4 \times$活标 + $1.2 \times$恒标				抗剪	抗压
12	49.5	16.5	120.6	151.2	MU10	Mb10	Cb20 33	0.41	3.66
11	151.2	34.0	255.6	312.0	MU10	Mb10	Cb20 33	0.41	3.66
10	300.6	49.8	382.8	468.0	MU10	Mb10	Cb20 33	0.41	3.66
9	493.0	64.1	509.4	624.6	MU10	Mb10	Cb20 33	0.41	3.66
8	724.1	77.0	632.4	775.8	MU15	Mb15	Cb25 66	0.55	6.36
7	1000.0	88.3	755.4	926.4	MU15	Mb15	Cb25 66	0.55	6.36
6	1283.2	98.1	877.8	1076.4	MU15	Mb15	Cb25 66	0.55	6.36
5	1602.3	106.4	999.0	1225.8	MU15	Mb15	Cb25 66	0.55	6.36
4	1941.0	113.1	1120.2	1373.4	MU15	Mb15	Cb25 66	0.55	6.36
3	2295.7	118.1	1240.8	1521.0	MU20	Mb20	Cb30 100	0.64	8.33
2	2661.1	121.8	1361.4	1668.6	MU20	Mb20	Cb30 100	0.64	8.33
1	3180.3	123.6	1506.6	1845.6	MU20	Mb20	Cb30 100	0.64	8.33

注:N 为考虑重力荷载代表值作用的轴向压力。

剪力墙配筋表 表 7-12

层 数	部 位	竖向配筋及配筋率		水平配筋及配筋率	
1~3	全 部	$\Phi16$	0.132%	$2\phi12$	0.149%
4~8	外墙转角(包括内角)	$\Phi16$		$2\phi10$	0.103%
	其余部位	$\Phi14$	0.101%	$2\phi10$	0.103%
9~12	全 部	$\Phi16$	0.132%	$2\phi10$	0.103%

注:墙体均匀配筋时钢筋的间距均为 800mm。

设计计算时,一般应选取截面变化处和最不利截面作为计算截面,本房屋横墙中应该核算底层(荷载最大)、4 层(灌浆、配筋变化)、9 层(灌浆、配筋变化)进行正截面和斜截面承载力计算,还应对顶层进行斜截面计算(竖向压力最小)。本题仅选取内横墙底层进行计算作为示范,剪力墙承受的内力为:$M=3180.3$kN·m(设计值),$N=1506.6$kN(考虑重力荷载代表值作用的轴向压力),$N=1845.6$kN(设计值),$V=123.6$kN(设计值),剪力墙截面为工字形截面,由于设计不考虑在纵横墙交接处设置配筋带,故不考虑翼缘的作用,按矩形截面计算,如图 7-16。

1. 正截面受弯承载力验算
(1)平面内验算

$$e_0 = \frac{M}{N} = \frac{3180.3}{1845.6} \times 10^3 = 1723.2 \text{mm}$$

$$h_0 = h - a_s = 6190 - 300 = 5890 \text{mm}$$

$$\beta = \frac{H_0}{h} = \frac{4200}{5890} = 0.713$$

$$e_a = \frac{\beta^2 h}{2200}(1-0.022\beta) = \frac{0.713^2 \times 4200}{2200}(1-0.022 \times 0.713) = 0.955\text{mm}$$

$$e_N = e_0 + e_a + \frac{h}{2} - a_s = 1723.2 + 0.955 + \frac{6190}{2} - 300 = 4519\text{mm}$$

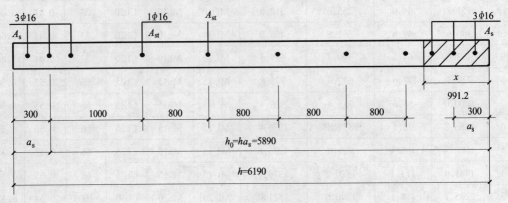

图 7-16 计算截面

假定为大偏心受压,对称配筋,在确定受压区高度时忽略分布筋的影响,则有:

$$x = \frac{\gamma_{RE}N}{bf_g} = \frac{0.85 \times 1845600}{190 \times 8.33} = 991.2\text{mm}$$

因 $\xi_h h_0 = 0.53 \times 5890 = 3121.7 > x$,故为大偏心受压,则:

$$Ne_N \leq \frac{1}{\gamma_{RE}}\left[f_g bx\left(h_0 - \frac{x}{2}\right) + f'_y A'_s(h_0 - a'_s) - \sum f_{st}A_{st}\right]$$

$$Ne_N = 1845.6 \times 4.519 = 8340\text{kN}\cdot\text{m}$$

$$A'_s = 603\text{mm}^2 (3\,\Phi\,16)$$

$$[M] = \frac{1}{0.85}\Big[8.33 \times 190 \times 991.2 \times \left(5890 - \frac{991.2}{2}\right) + 300 \times 603 \times (5890-300)$$

$$- 300 \times 201.1 \times (1000 + 1800 + 2400 + 3200 + 4000)\Big]$$

$$= 10265\text{kN}\cdot\text{m} > Ne_N \quad \text{平面内承载力满足要求。}$$

(2)平面外验算

平面外按轴心受压计算,现不计入竖向钢筋的作用,

$$N \leq \frac{1}{\gamma_{RE}}\varphi_{0g}f_g A$$

$$\varphi_{0g} = \frac{1}{1+0.001\beta^2} = \frac{1}{1+0.001 \times \left(\frac{4200}{190}\right)^2} = 0.672$$

$$[N] = \frac{1}{0.85}(0.672 \times 8.33 \times 190 \times 5890) \times 10^{-3} = 7370\text{kN} > N = 1845.6\text{kN}$$

平面外承载力满足要求。

2. 斜截面受剪承载力验算

墙体水平配筋如图 7-17 所示。

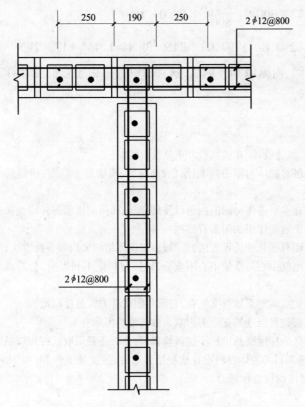

图 7-17 墙体水平配筋示意图

(1)截面复核

剪跨比 $$\lambda = \frac{M}{Vh_0} = \frac{3180.3 \times 10^3}{123.6 \times 5890} = 4.368$$

$$[V_w] = \frac{1}{\gamma_{RE}} 0.2 f_g bh = \frac{1}{0.85} \times 0.2 \times 8.33 \times 190 \times 6190 \times 10^{-3}$$

$$= 2305.2 \text{kN} > 1.4V = 1.4 \times 123.6 = 172.7 \text{kN} \quad \text{截面尺寸满足要求。}$$

(2)斜截面受剪承载力

因 $\lambda = 4.368 > 2.2$,取 $\lambda = 2.2$。

$0.2 f_g bh = 0.2 \times 8.33 \times 190 \times 6190 \times 10^{-3} = 1959.4 \text{kN} > N = 1506.6 \text{kN}$(注意:在抗剪承载力计算时,由于压力对抗剪强度的提高,此处的竖向压力偏安全取重力荷载代表值作用的轴向压力)

取 $N = 1506.6 \text{kN}$

矩形截面 $A_w = A$,$f_{vg} = 0.64 \text{MPa}$

水平钢筋 $2\phi 12@800$,$A_{sh} = 226 \text{mm}^2$

$$V_w \leqslant \frac{1}{\gamma_{RE}} \left[\frac{1}{\lambda - 0.5} \left(0.48 f_{vg} bh_0 + 0.1 N \frac{A_w}{A} \right) + 0.72 f_{yh} \frac{A_{sh}}{s} h_0 \right]$$

$$[V_w] = \frac{1}{0.85} \left[\frac{1}{2.2 - 0.5} (0.48 \times 0.64 \times 190 \times 5890 + 0.1 \times 1506600) \times 10^{-3} \right.$$

$$+ 0.72 \times 300 \times \frac{5 \times 226}{800} \times 5890 \times 10^{-3}\Big]$$

$$= \frac{1}{0.85}(290.8 + 1797.0) = 2456.3 \text{kN} > 1.4V = 172.7 \text{kN} \quad \text{满足要求。}$$

以下还应对外横墙、内纵墙和外纵墙进行设计计算，由于它们的计算方法与上述内横墙设计的相同，现予略去。

思考题和习题

思考题 7-1 为什么"概念设计"在抗震设计中是重要的？

思考题 7-2 抗震地区对砌体房屋的高度、层数、高宽比、横墙最大间距、房屋局部尺寸等有哪些要求和限制？为什么？

思考题 7-3 为什么在多层砌体房屋的四角以及楼梯、电梯间的横墙与外墙交接处，应设置构造柱？

思考题 7-4 影响水平地震作用的因素有哪些？

思考题 7-5 地震作用有哪几种计算方法？一般多层砌体结构采用哪一种方法计算地震作用？

思考题 7-6 房屋的刚度中心与质量中心不重合，地震时产生不利影响，会造成怎样的危害？如何避免这种原因产生的震害？

思考题 7-7 承载力抗震调整系数意义何在，与哪些因素有关？怎样取值？

思考题 7-8 砌体抗震抗剪强度的正应力影响系数与哪些因素有关？

思考题 7-9 对地震区的房屋既然进行了抗震验算，为什么还要采取抗震构造措施？

习题 7-1 如将【例题 7-1】的墙体材料设计成烧结普通砖，强度等级为 MU10，墙厚为 240mm，其他条件不变。试设计计算该房屋的抗震承载力。

习题参考答案

习题 7-1 由于本题与【例题 7-1】相比，改变了墙体厚度和块材品种，要注意几个不同的地方：

1) 在概念设计上，尤其是圈梁和构造柱的设置方法不同。
2) 荷载计算时，墙体的自重不同，重力荷载代表值不同，墙内剪力不一样。
3) 材料不同，墙体的抗震抗剪强度不一样。

集中于各质点的重力荷载代表值：$G_5 = 1925.66$kN，$G_4 = G_3 = G_2 = 2402.03$kN，$G_1 = 2319.32$kN。

结构等效总重力荷载：$G_{eq} = 8548.53$kN

结构总水平地震作用标准值：$F_{EK} = 1367.76$kN

各层水平地震作用标准值：$F_1 = 128.57$kN，$F_2 = 188.75$kN，$F_3 = 269.45$kN，$F_4 = 350.15$kN，$F_5 = 429.48$kN。

第五层④轴横墙截面抗震承载力验算：

第 5 层④轴横墙承受的地震剪力设计值为 $V_{54} = 109.43$kN

$$\frac{1}{\gamma_{RE}} f_{VE} A = 154.1 \text{kN} > 109.43 \text{kN}，安全$$

第一层④轴横墙截面抗震承载力验算：

第 1 层④轴横墙承受的地震剪力设计值为 $V_{14} = 335.66$kN

$$\frac{1}{\gamma_{RE}} f_{VE} A = 311.8 \text{kN} < 335.66 \text{kN}，不安全。$$

第五层 A 轴纵墙截面抗震承载力验算：

$V_{5A} = 25.98$kN

$$\frac{1}{\gamma_{RE}} f_{VE} A = 39.6 \text{kN} > 25.98 \text{kN}，安全。$$

参 考 文 献

1 施楚贤主编.普通高等教育土建学科专业"十五"规划教材 砌体结构.北京:中国建筑工业出版社,2003
2 施楚贤,徐建,刘桂秋.砌体结构设计与计算.北京:中国建筑工业出版社,2003
3 施楚贤,施宇红.砌体结构疑难释义(第三版).北京:中国建筑工业出版社,2004
4 中华人民共和国国家标准.砌体结构设计规范(GB 50003—2001).北京:中国建筑工业出版社,2002
5 中华人民共和国国家标准.建筑抗震设计规范(GB 50011—2001).北京:中国建筑工业出版社,2001
6 苑振芳主编.砌体结构设计手册(第三版).北京:中国建筑工业出版社,2002